シリーズ・生命の神秘と不思議

進化には生体膜が必要だった

ー膜がもたらした生物進化の奇跡ー

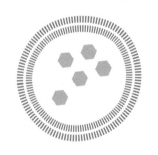

佐藤　健 著

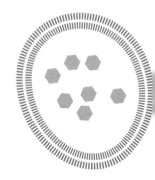

裳華房

まえがき

遮られるもののない無慈悲な日射に曝された原始海洋の海面、その黒いスクリーンに焼けて膨張したプラチナ色の古代太陽が映っている。その海面下に広がるのは、海水に満たされた広大無辺な寂寞《せきばく》たる無尽《むじん》の空間。そこに意思をもつものはなく、海面から侵入した眩しさが乱反射を繰り返してリズミカルに動き、無数の影を造形しているのみである。

その中を重力にまかせて潜行していく。すれ違うものはなく、光は静止した液体で徐々に減衰していくとともに蒼い成分が支配的となる。やがてあらゆる色彩は失われ、音もなく、ただ漆黒の闇の世界が横たわる。強大な圧力の中、海底からは、マグマで熱せられた熱水の黒煙、ブラックスモーカーが燃え上がる炎のように噴き出している。この息づかいに寄り添うものはない。

ただ、エネルギーだけが満ちた、無機物と有機物が入り混ざる混沌《こんとん》が幾重にも広がり、この無秩序を形造っている。化学結合の生成と開裂という試行が、延々と乱数発生のように繰り返される。この小さな惑星にはまだ生命が存在しないことを主張している光景である。

この停止した無限の時間に特異点を与えるかのように、「それ」——微小な秩序の連鎖——が現れた。

……というのは筆者の勝手な空想であるが、生命誕生の瞬間とはどのようなものだったのだろうか？

われわれ生命はどこから来たのか？　人類がずっと抱き続けているこの疑問にまだ答えは出ていない。そして生命は、地球以外にも存在するのか？　われわれはこの宇宙で孤独な存在なのか？　21世紀のテクノロジーと人類の叡智をもってしても、まだ答えが出せないでいる。

断っておくが、筆者は生物進化の専門家でも、宇宙生物学の専門家でもなく、生物（細胞）がもつ膜――生体膜に関する生化学や細胞生物学を専門にしている。これまで単純なバクテリアから高等な細胞まで扱ってきたのだが、その過程で、ふと湧き上がった感覚がある。「この膜でないと生物は進化できなかった」というものだ。

地球上のあらゆる生物は、たった一つの共通祖先から進化してきたものとされている。そして、現在地球上に生きるその子孫たち……すべての生物をつくっている「生体膜」は、どんな生物でもほとんど同じ分子構造をしている。その厚さもほぼ変わらない。バクテリアから、カビ、昆虫、植物、そしてわれわれヒトも含めた動物に至るまで、すべて同じ構造をした生体膜をベースにして生物がつくられているのである。

生物が進化するのに、生体膜にそれほど大きな貢献があったのだろうか、と疑問に思う方もいるだろう。生物学の教科書を開いてみると、生体膜は、エネルギー生産、細胞の形態形成、物質輸送、情報伝達など随所に登場するのだが、現在までの生物の進化の過程を辿《たど》ると、重要なポイントごとに生体膜のもつ性質が深く関わっていたケースがいくつも見受けられるのである。

たとえば、地球上のほとんどの生物は、生体膜のもつ性質をうまく使って、ほぼ同じしくみで活動に必要なエネルギーをつくり出している。生物は生体膜を使わずにエネルギーをつくりだす方法ももっているのだけれど、この生体膜を使う方法は、他の方法と比べて桁違いの効率でエネルギーを生産することができる。これが、多くのエネルギーを必要とする高等生物の出現を支えたのである。

また、構造が単純な原核細胞から、より複雑な真核細胞へと進化できたのも、そして単細胞生物から多細胞生物へと進化することができたのも、この生体膜のもつ性質があったからこそなのである。さらに、われわれヒトがもつ高い知能の根源となっている、「思考する」という行為に必要な神経伝達というしくみも、この生体膜のもつ性質がうまく使われている。そして、もし生体膜が現在のものと別の分子構造だったとしたら……これらのことをなにひとつ代替できないのである。不思議なことに、この生体膜は地球上で最初に使われだしたものから一度も変化せず、同じ分子構造のものが使われ続けている。

つまり、地球上に最初に現れたわれわれ生物の共通祖先が自身をつつむのに選んだ「膜」は、まるで現在までの生物の進化の過程を見越していたかのように、高度な知能をもった生物へと進化するためのすべての条件を満たしていたのである。生物の共通祖先が、もし今の分子構造の生体膜を使っていなかったとしたら……われわれは今なお、単純な単細胞生物のままだったかもしれない、とも思えてしまう証拠をいくらでも挙げることができる。

物理学者のエンリコ・フェルミ（Enrico Fermi）が指摘した「フェルミのパラドックス」とよばれるものがある。これは、われわれの棲む天の川銀河だけでも2千億個以上もの恒星があるのだから、その中には高度な文明をもった知的生命も無数にあっても良さそうなのだけれど、これまでに地球外文明が存在する証拠は何一つ得られていないではないか、という矛盾のことである。

これを解く一つの仮説として、「レアアース仮説」というものがある（ここでの「レアアース」とは希土類元素のことではない）。これは、条件が整えば生命は比較的簡単に誕生するのだけれど、その生命が高度な知能をもち、さらに高度な文明を築くまでに進化するためには、すごく確率の低い偶然がいくつも重なる必要がある、という考え方だ。

これまでに地球上の生物が辿った進化の過程で、生体膜が果たしてきた役割を考えると、この地球上に知的生命が生まれたのは「すごく確率の低い偶然がいくつも重なった結果」ということについて、思い当たることがいくつも出てくるのである。

本書は、生体膜の研究者の視点から見た生命の誕生、そして生物の進化について考察したもので、これ以外の、たとえば、天体物理学、地球科学、進化学、人類学などの分野の専門的な見地からの検討を経たものではない。ただ、生物をかたちづくっている生体膜だけに注目してみても、これが地球上に誕生した生命の運命を決めたのではないか、と思えるほど、生物の進化にとって重要な要素だったように思えるのである。

最初に結論を書いてしまおう。これから紹介する**「脂質二重層」とよばれる生体膜の骨格となる構造がもつ特別な性質があったからこそ、この地球上に最初に現れた生物が、われわれヒトのような高度な知能をもつ生物にまで進化できた**、というのが本書の結論である。こんな冒頭に結論を書いてしまうようでは、「構成がなっていない」ということになるかもしれないけれど、このことを念頭において読み進めてもらいたい。

本書を理解するために必要な知識は、高校レベルまでの化学だけで充分である。これに加えて、高校レベルの生物学の知識があればさらに理解しやすいとは思うが、必ずしも必要ではない。生物の話なのになぜ化学？　と思われるかもしれないが、生物をつくっているのはすべて化学物質であり、それらの化学物質が集まって引き起こす化学反応——生化学反応が、複雑に絡まり合って集まったものが生物である。他に、何ひとつわれわれが知らないこと、不思議なことは起こっていない。この生化学反応のレベルでは、細菌から昆虫、植物、動物など、地球上のすべての生物を区別するものがなくなる。

一般に、生物学を学ぶうえで、その学習内容が試験の対象となる場合には、覚えなければならない用語が多すぎて、近寄りたくなくなってしまう人が多いように見受けられる。そのため、本書では専門用語や固有名詞を使うのは必要最低限にとどめ、生物進化において生体膜が果たした役割の全像を専門外の人にもつかんでいただけるよう努めた。

本書に書かれていることは、決して新たな発見というようなものではなく、大学までの生命科学の教科書に書かれていることを、筆者の視点からピックアップしたものである。そのため、本書に書かれている個々の事実自体に新しいものはない。だが、そのような事実でも、切り口を変えて解釈を加えると、新たな視点が生まれる。生物の中の生体膜というごく小さな切り口からの視点でも、たとえば、スパイスのようなもので、ほんの少しでも加わると見違えるほどの変化をもたらすことがある。読者の皆さんが、それぞれにもっている生命観に一振りするだけで、まったく違ったものになるかもしれない。筆者としては、本書が読者の皆さんのもつ生命観を少しでも刺激するスパイスになればと願っている。

２０１８年２月

佐藤　健

目　次

1章　生物と膜：そもそも定義に含まれている

1 「生物」であるための三つの条件

まず、読者の皆さんに一つ質問をしてみたい。

「生命・生物」とは何だろうか？

この質問を高校生や大学生に投げかけてみると、多くの人はとっさに、「動くものでしょう」、と答える人が多い。しかし、少し考えて、「あっ、植物は動かないか」、ということに気づき、う～ん、と考え込んでしまう。さらに専門的な知識をもっているはずの、生命科学・生物科学を専攻する大学院生に同じ質問をしてみても、ちゃんと答えられる人は意外に少ない。

たとえば、地球以外の天体に生命がいるかどうかの探査が行われているが、どのようなものが見つかれば「地球外生命が見つかった！」といって良いのだろうか？

アメリカ航空宇宙局ＮＡＳＡでは、生命の「暫定的」な定義がなされているのだが、それは、「生命とはダーウィン進化の可能な自立した化学的システム」という比較的曖昧なものである。これは、生命・生物と見なせるかもしれない想定外のものもあり得るという前提があるから、このような表現をしているのであろう。しかし、やはり「生命・生物」というものが、どういうものであるのかということを一応ハッキリさせておかないと、つまり定義されていないと、われわれ生命科学・生物科学の研究者は困ってしまう。

ということで、生物というものが曖昧なものでは困るので、一応、現在の生物学では、「生物」というものの定義がなされている。いろいろな表現がされているのだけれど、要約すると、

①自己複製する
②エネルギー代謝を行う
③外界と膜で仕切られている

という三つの条件を満たしているものが生物であるとされている。

最初の「自己複製する」という条件は、多くの人が生物の特性として最初に挙げる条件なのだが、この条件を満たすだけでは生物とはいえない。

たとえば、コンピュータウイルスというものがある。これは、物質的な実体はなく単なる「情報」なのだけれど、その「情報」自身が自分を複製する。つまり、自己複製だ。ところが、コンピュー

タウイルスを「生物」だと思っている人はいないだろう。自己複製するというだけでは、生物とはいえないのである。

そこで、2番目の条件である「エネルギー代謝を行う」という条件が必要となってくる。エネルギー代謝とは、エネルギーを獲得、変換、貯蔵、利用するということで、一般に生物は栄養物を摂取し、そこから得たエネルギーを利用して活動している。植物などは太陽の光を使って光合成からエネルギーを得る。コンピュータウイルスは、このようなエネルギー代謝は行っていないため、これは生物ではない、ということになる。

生物が満たすべきこれら二つの条件については、納得がいく方も多いだろう。しかし、最後に挙げられた「外界と膜で仕切られている」という条件は必要なのだろうか？　実はこの条件を加えておかないと、われわれが「生物」と思えないようなものまで含まれてしまう。

たとえば、気象現象の台風やハリケーンを思い浮かべてもらいたい。大きな台風は時に分裂する。これは同じ性質のものが複製されるわけなので、自己複製と言えなくもない。また、台風は海水から熱、つまりエネルギーを奪い、このエネルギーは風という形で消費しているため、これはエネルギー代謝である、と言えなくもない。確かに、台風の動きをみていると、「いきものみたいだな」という印象は受けるのだけれど､これを本当に生物だと思っている人はいないだろう。この例は、多少へりくつのようではあるのだけれど、最初の二つの条件を満たすだけでは、このような曖昧なものまで生物に含まれることになってしまう。

　ということで、外界と明確に仕切られていることが、生物が生物であるための絶対条件ということになる。つまり、生物がもつ膜、すなわち「生体膜」というのは、生物を構成する要素のうち、かなり大切な部分を占めていることになる。

2　「生物」と「生命」の違い

　ここまで、意図的に「生物」と「生命」を混在させて書いてきたのだけれど、それでは、生物と生命の違いはどのように考えたらよいのだろうか？　そもそも、これらは違うのだろうか？　実はこれはたいへん難しい質問で、生命・生物を扱う学者の間でも認識はバラバラである。

　たとえば、キリスト教のカトリック教派では、受精卵となった時点で、これは生命である、とされている。ところが、受精卵は自力では生きていけないので、これは生物なのか？　と問われると、生物ではないようにも思える。

　また、われわれ生命科学者は、生物から分離してきた細胞を培養して研究に使うことがあるのだけれど、この培養細胞は生命といって良さそうな気がする。自己複製するし、ちゃんと代謝も行っている。もちろん膜だってある。しかしこれは、培養条件など外界の環境を整えてあげないと自力では生きていけない。

そうすると、生命とは、外界の環境を整えてあげれば「生物であるための三つの条件」を満たすことができるもの、そして生物とは、自律的に三つの条件を満たすもの、ということになるだろうか。

あるいは、「生物」というのは何か具体的なものを示しているのに対して、「生命」という言葉にはもっと概念的なものも含まれているような感じもする。やはり、「生物」と「生命」を区別するのは難しそうだ。

本書では、「生物であるための三つの条件」を満たすものについては、「生物」と書くことにするが、「生命」と「生物」の区別については、やはり曖昧なままにしておこう。

3 ウイルスは「生物」か?

生物と紛らわしいものとして、ウイルスというものがある。インフルエンザウイルスとか、ノロウイルスとかいうやつだ。ウイルスは自身の設計図となるDNAやRNA(遺伝情報)が、膜(あるいは、殻、と表現した方がよいものもある)で覆われただけの「物体」である。このウイルスが増殖するためには、前述の「三つの条件」を満たす「生物」の助けを借りる必要がある。

ウイルスの増殖は、生物の表面に張りついて、自身の遺伝情報をその生物の中に注入することから始まる。これがいわゆる「感染」である。感染された生物は、注入されたDNAやRNAが、まさかウイルスのものとは知らずにそれらを複製させられ、また、それらの遺伝情報を元に、ウイルスのパーツとなるものを作らされる。それらのパーツがその生物の中で組み上がって新たなウイルスが複製されるのだ。つまり、ウイルスは、感染した生物がもつDNAやRNAの複製のしくみや、タンパク質などを合成するしくみをハイジャックするのである。

ということは、ウイルスは感染する生物がいてくれないことには増殖することができないので、「自己」増殖はできない。また、ウイルスは自身の設計図となる遺伝情報を膜や殻でくるんでいるだけの物体で、一切のエネルギー代謝を行っていない。電源の入っていない単なる分子の機械ともいえるものだ。このように、ウイルスは生物であるための三つの条件のうち、「自己複製する」「エネルギー代謝を行う」という二つも満たしていないことになるため、「生物」ではない、とされている。

それでも、生物学者・生命科学者の中には、ウイルスは生物である、と主張する人もいて、今のところウイルスは「生物学的な存在」という曖昧なものとされている。そう、こんな生物か生物でないか曖昧な存在でさえ、外部と内部とを仕切る「膜」だけはもっているのである。

この生物をかたちづくっている膜――「生体膜」が、現在地球上で生きている生物の中で果たしている役割、そして、生物がこれまで進化してきた過程で果たしてきた役割について紹介していこう。

2章　生物をつくる生体膜：みんな同じものを使っている

1 あらゆる生物は「細胞」という最小単位からできている

原子（＝atom）の語源となっている「アトモス」は、それ以上分割できないものであり、万物の最小単位である、という考え方は、すでに紀元前5世紀の古代ギリシア時代にはあったそうである。もちろん当時は素粒子どころか、分子の存在さえ知られていなかった時代で、人間は直感だけで真実を言い当てていたことになる。人間の想像力には畏敬の念を抱いてしまう。

生物はというと、「細胞」という最小単位から構成されている。現在の生物学ではごく当たり前のこととなっているこの考え方が、広く認められるようになったのは、それほど昔のことではなく、19世紀に入ってからのことである。細胞の発見からまだ350年ほどしか経っていないのだけれど、現在では、「細胞はすべての生物の基本的な単位である」、という概念はすっかり定着していると言っていいだろう。

外見上は大きく異なる動物や植物、昆虫やカビ、さらにはバクテリアに至るまで、それらをかたちづくっている細胞のレベルでは、生物はすべて同じように扱える。顕微鏡で細胞だけを観察してみても、それがどのような生物をかたちづくる細胞なのかを区別するのは難しい。われわれヒトも含めて、生物が生きているのは、細胞が生きているから、ということでもあるので、ここ

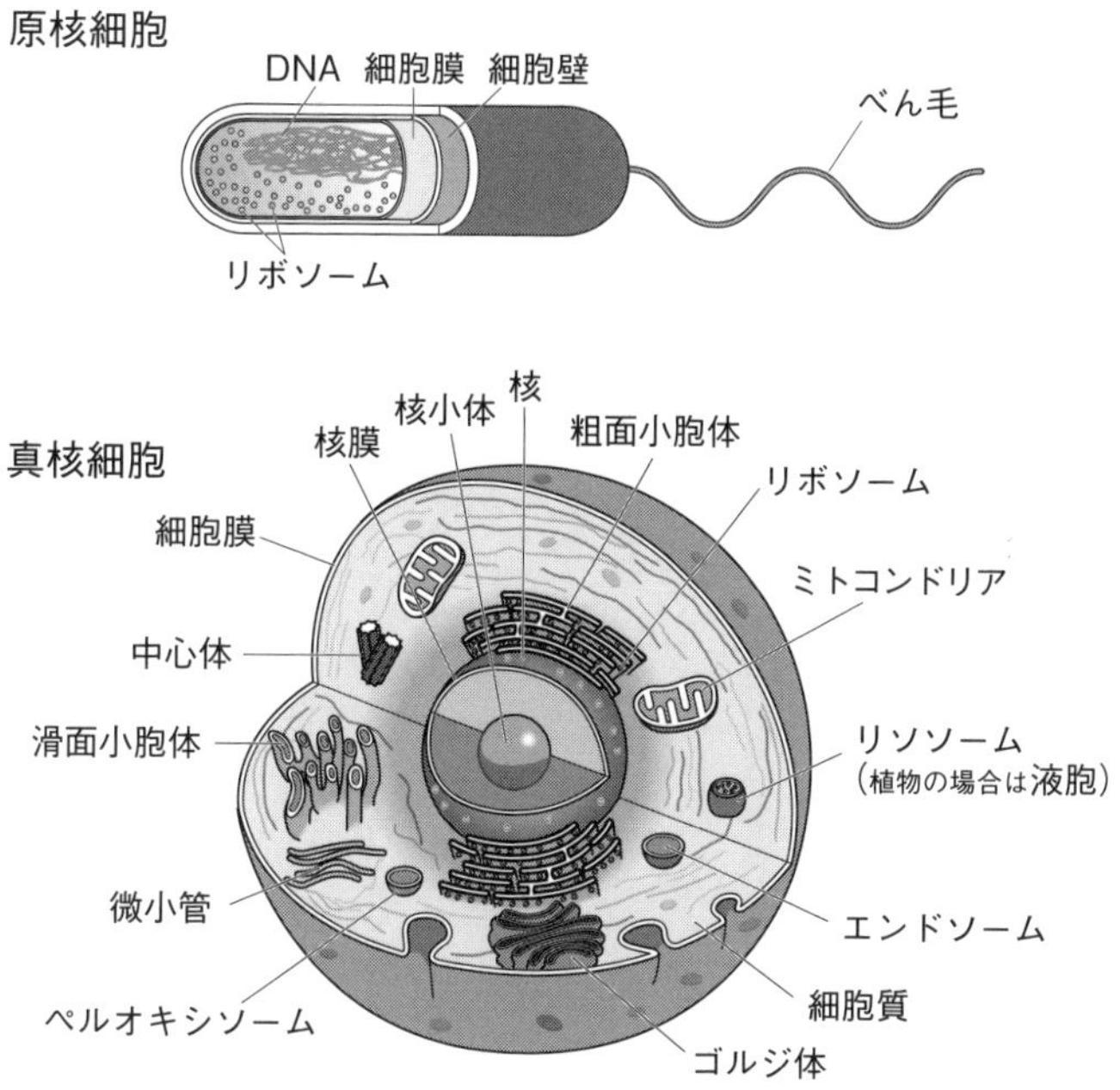

図2·1　原核細胞と真核細胞

から先は、生物＝細胞という概念で捉えることにする。

細胞をかたちづくっている「外枠」となっているのが「生体膜」であるが、その生体膜に注目すると、細胞というのは大きく2種類に分けられる。一つは、細胞の内側と外側とを仕切る膜（細胞膜という）だけしかもっていない「原核細胞」とよばれるものと、もう一つは、細胞膜で仕切られた細胞内に、さらに生体膜で仕切られた複数の「区画」（細胞小器官という）をもっている「真核細胞」とよばれるものである（図2・1）。いわゆるバクテリアなどは原核細胞からできているのに対して、われわれヒトを含めた動物や植物は真核細胞からできている。原核細胞からつくられている生物を「原核生物」、真核細胞からつくられている生物を「真核生物」という。原核生物は必ず原核細胞だけからつくられているし、真核生物は必ず真核細胞だけからつくられている。原核細胞と真核細胞とが混在してつくられている生物はいない。

コラム 「細胞」はまだつくれない

ときどきニュースなどで、「人工細胞の作製に成功！」というような見出しで報道されているのを見かけることがある。しかし、そういうものを見かけたときには、まずは疑いの目で見ていただきたい。細胞＝生物なわけで、細胞といえども、前述の生物が生物であるための三つの条件を満たしている必要がある。ところが、「自己複製」して「エネルギー代謝」を行い、「外界と膜で仕切られている」という三つの条件を本当の意味で満たしているものが、まったくの無から人の手によって人工的に作られた例は、実はこれまで一つもない。「人工細胞」と表現される多くのものは、「生物っぽい」動きをするものだったり、生命現象のごく一部分を、生きた細胞から抽出してきた生体分子などを使って再現したものにすぎない。そういう意味では、人類はまだ人工的に細胞をつくることはできていない。いや、細胞どころか、われわれは一つの細胞小器官でさえ人工的につくることはできていない（これが難しい理由については後述する）。

現在のところ，われわれには，過去に存在していた生物，あるいは現在生きている生物を始点としてしか，新しい生物をつくり出せないのである。

コラム　「工学」もまだできない

「細胞工学」とか「タンパク質工学」という言葉があるが，そもそも「工学」というのは，確固たる理論を元に設計を行い，その設計を元につくられたものが理論どおりに機能する，というものである。ところが，われわれはタンパク質の機能を「設計」することはまだできないでいるし，まして，細胞を「設計」することなど到底できない……われわれはまだ生命のしくみ（理論）のほんの一部分しか知らないからだ。それどころか，どのような研究の延長線上でタンパク質や細胞の「工学」が可能となるのか，それすら見当がついていないのである。

厳密に「工学」ではないものに「〇〇工学」と名前をつけることは絶対に駄目である，というわけではない。しかし，あたかもそれが現実にできるかのように言ってしまうのは，科学者として誠実ではない。誰も得をしないことでも，できないものはできない，と言うのが科学者の役目でもある。

いずれにしても，生命科学の分野は，まだまだ本当の「工学」が行える域にまで達していないのである。

地球上のあらゆる生物は、これらどちらかのタイプの細胞からつくられているのだけれど、さまざまな証拠から、どちらの細胞も元はたった一つの共通の祖先から進化してきたものとされている。そして、その共通祖先から、まず構造が単純な原核細胞が出現し、その後、より複雑な構造をもつ真核細胞へと進化した、とされている。

2 どんな環境に生きていても同じ分子構造の生体膜を使っている

あらゆる生物は細胞からつくられていて、その細胞をかたちづくっているのは生体膜である、ということなのだが、どの生物のどの細胞であっても、それをつくっている生体膜の分子構造はほぼ同じである。

生物によって生きている環境——たとえば、温度や圧力、pHや塩濃度など——が違うわけだし、細胞によっても大きさや担っている機能はさまざまであるので、それぞれの状況に適したタイプの生体膜が使われていてもよさそうなものだ。ところが、どういうわけか、地球上でこれまでに見つかっているすべての細胞は、頑《かたく》なに同じ構造の生体膜を使っているのである。

その「万能」ともいえる生体膜というのはどのような構造をしているのか？　次の章では、まずこの生体膜をつくっている分子や、その分子がつくる膜構造を見ていくことにしよう。

3章　生体膜の構造：この構造がすべてを決めた

1　脂質二重層は初めから「最終形」だった

バクテリアをつくる原核細胞から、われわれヒトをつくる真核細胞まで、細胞を構成している生体膜の基本的な分子構造はほぼ等しい。それが、「脂質二重層」という構造である。意外なことかもしれないが、これが事実である。

生物の中でも「ヒトだけは特別な存在である」、と思い込みたい傾向を人間はもっている。自分たちを崇高なものだともち上げたい心理がはたらくのは理解できる。だから、「バイ菌（バクテリア）とわれわれヒトとを一緒にしないでほしい」と反発したくなる気持ちはあるかもしれない。しかし、地球上のあらゆる生物は、たった一つの共通祖先から進化してきたのだから、お互いに似ている部分があるのは当然といえば当然ともいえる。

また、これは違った捉え方をすると、生体膜をつくっている脂質二重層という基本構造は生命の誕生以来、まったく「進化していない」ということにもなる。遺伝情報（ＤＮＡやＲＮＡ）の構造や、これを細胞内に格納しておくための構造、またこれを複製するしくみ、あるいはタンパク質を合成する分子装置の構造などは、生物が進化していく過程で徐々に変化を遂げてきた。その時々に応じて、都合の良いようにかたちを変えているのである。ところが、生体膜をつくっている脂質二重層という分子構造については、生物の進化の過程でまったくといって良いほど変化した形跡が見られない。つまり、われわれ生物の共通祖先が最初に膜として採用した脂質二重層というものは、進化する必要のない「最終形」だった、といっても良いものなのである。

まずは、この脂質二重層をつくっている分子、そしてその分子がつくる全体の構造を見てみよう。

2　生体膜の構造

生体膜とは、「リン脂質」とよばれる小さな分子が集まり、隙間なく整然と並ぶことによって、膜の骨格となる「脂質二重層」という膜状の構造がつくられ、そこに種々の機能をもったタンパク質が埋まっているものである。膜に埋まったタンパク質（膜タンパク質という）についてはまた後で述べるとして、まず生体膜の骨格となっている脂質二重層とよばれるものについて知っておく必要があるだろう。

生体膜の骨格をつくっているリン脂質分子を見てみると、一つの分子の中に、水になじみやすい部分と、油になじみやすい部分の両方をあわせもった分子（両親媒性分子という）であることがわかる。水になじみやすい部分（親水基という）は比較的小さな化合物であるのに対して、油

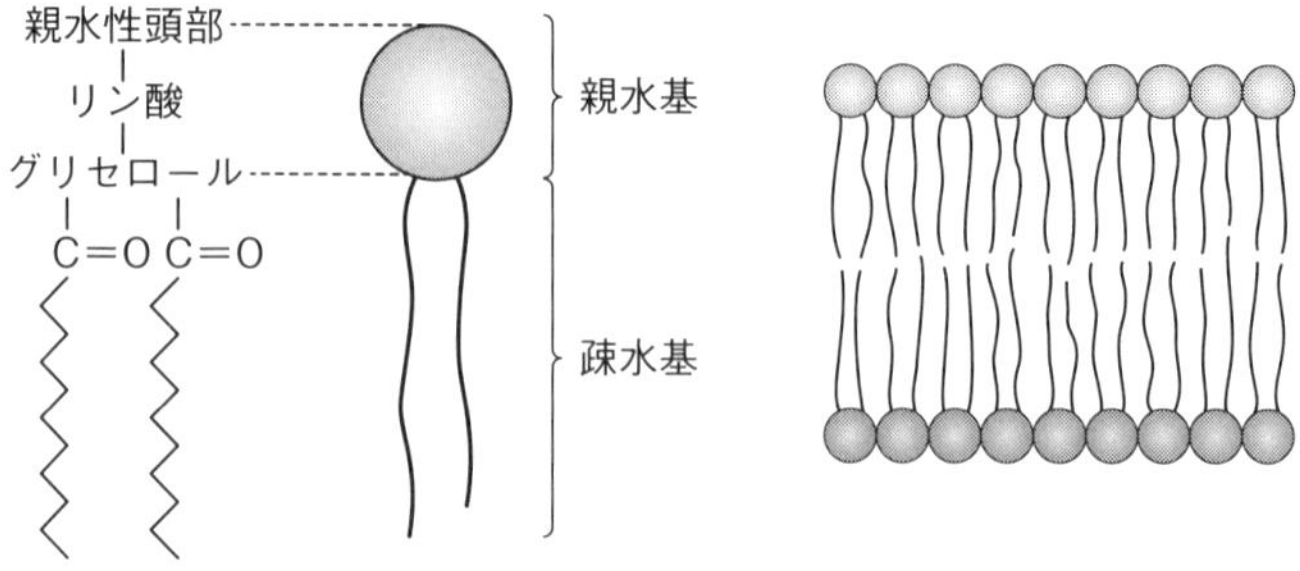

図3·1　リン脂質分子がつくる脂質二重層

になじみやすい部分（疎水基という）は、炭素原子が鎖状につながった形状をしている（図3・1）。

このような分子をたくさん水の中に入れるとどうなるのか。水になじみやすい部分は水と触れていてもいいのだけれど、油になじみやすい部分はできるだけ水と触れたくない。そうすると、水になじみやすい部分を水と触れる外側に向けて、油になじみやすい部分を内側に隠すように、リン脂質分子が集まってくる。結果として、リン脂質分子の水となじみやすい部分が整然と並んだ面と、その裏側は油になじみやすい部分が整然と並んだ面をもった層が形成され、そのような層が二つ、お互いに油となじみやすい面どうしが貼り合わされて二層になった構造体となる。これがリン脂質分子によってつくられる「脂質二重層」とよばれる生体膜の骨格となる膜構造である（図3・1）。

このような構造をとれば、水になじみやすい部分は水と触れている状態で、油になじみやすい部分は水に触れないですむ。リン脂質分子は、生物から分離してくることもできるし、人工的に化学合成することだってできる。そのリン脂質分子を、単に水の中に入れるだけで、生体膜を模倣した人工的な膜をつくることができる。決して複雑なものではない。いたって単純なものだといえる。

3　生体膜は「やわらかい」

リン脂質分子が「集まってくる」と書いたが、まるで磁石のようにお互いに引き合う何かがあるのだろうか？　また、一度集まったリン脂質分子は、バラバラになることはないのだろうか？

この疑問に対する答えは、分子と分子が、まさに磁石のように引き合う「ファンデルワールス力（van der Waals force）」とよばれる力にある。原子は、プラスの電荷を帯びた原子核と、マイナスの電荷を帯びた電子からできている関係上、この原子が集まってできた分子どうしが接近すると、電気的に引き合う力が発生する、というのがファンデルワールス力である。この力のおかげで、リン脂質分子は水中で自然に集合して、その状態を保っていられるのである（このような過程を「分子の自己集合」という）。

しかし、このファンデルワールス力というのは、とにかく弱い。分子どうしで引き合う力は他にもいくつか知られているのだけれど（イオン間相互作用や水素結合など）、その中でもファンデルワールス力は最も弱い種類のものだ。この取るに足りない力でリン脂質分子どうしが寄り添ってつくられる脂質二重層は、ものすごく柔らかい。ぐにゃぐにゃしていて、簡単にかたちを変えることができるし、簡単にちぎれるという特徴がある。生物の基本となる細胞をつくっている膜が、そんなに弱く頼りないもので大丈夫なのか、分子と分子がもっとガッチリと結合した、丈夫な構造の膜の方が良いのではないか、と心配になる方もいるだろう。

しかし、こういった「やわらかい」構造であることのメリットもある。まず、脂質二重層の構造を保っているファンデルワールス力というのは、分子と分子が存在していれば自然に発生する力なので、たとえば膜の一部が何かの弾みで壊れてしまっても、その部分に周りのリン脂質分子が瞬時に寄ってきて、あっという間に修復される。膜の復元力が高いのである。また、膜の構造を保ちつつも、その中でリン脂質分子が自由に動けることによって、膜にリン脂質以外の分子——タンパク質などが埋まることができる。異種分子の溶解性が高い、というメリットもあるのだ。

4　生体膜は常に動いている

通常、溶液中のあらゆる分子は、常に「熱運動」という現象で揺らいでいる。この熱運動というのは、文字どおり熱による分子の運動のことで、溶液中を分子が飛び回っているのを想像してもらうとよい。脂質二重層中のリン脂質分子も例外ではなく、一つ一つのリン脂質分子が常に熱運動をしている。ただし、リン脂質分子の場合は、その力は弱いものの、お互いに寄り添って脂質二重層をつくっているため、この熱運動に制限がかかる。具体的にリン脂質分子ができる熱運動は、回転（リン脂質分子がくるくる回転する運動）、屈曲（リン脂質分子そのものがくねくねとかたちを変える運動）、側方拡散（脂質二重層の平面上をリン脂質分子が二次元的に動き回る運動）、などである（図3・2）。

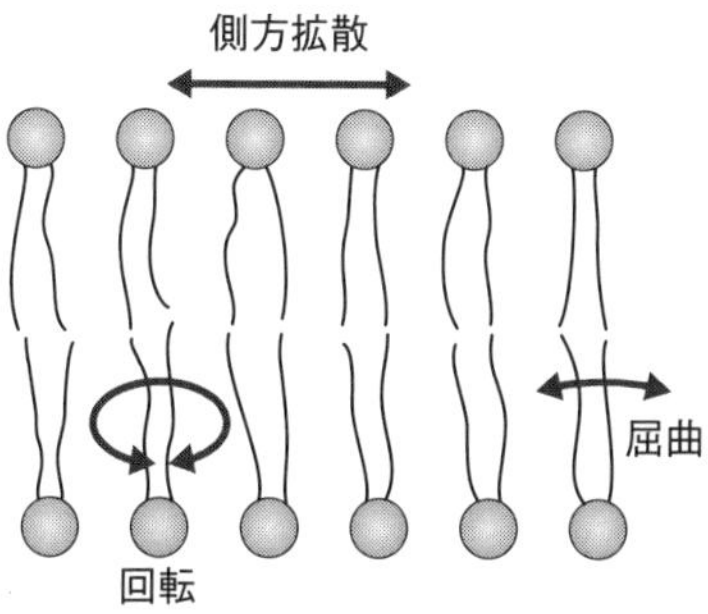

図3·2　脂質二重層中のリン脂質分子の熱運動

そして、脂質二重層をつくる個々のリン脂質分子がこのような熱運動をしているため、この脂質二重層がつくる膜にはときどき隙間が空いてしまう。この隙間は、糖くらいの大きさの分子だとほぼ通り抜けることはないのだけれど、水分子くらいの小さな分子だとすり抜けてしまう。プールや風呂で、水に手を長時間浸していると皮膚がふやけてしまうのは、皮膚の細胞をつくっている脂質二重層が水を通してしまうためだ。

5 生体膜はイオンを通さない

言うまでもなく水とはH_2O分子が集まったもののことなのだけれど、地球上の水には、通常これ以外に大量に含まれている物質——ミネラルがある。これは水に溶けた状態では、その一部がイオンとよばれる状態になっていて、多くのイオンは水分子よりもさらに小さい。ところが、このイオンは小さいのにもかかわらず、脂質二重層をほとんど通り抜けることができない（表3・1）。これは、イオンはプラスやマイナスの電荷を帯びているからであり、このことによって、脂質二重層を通り抜けようとしても、電気的に中性な性質をもつリン脂質の疎水基部分からはじき飛ばされてしまうのである。

表3･1　脂質二重層が通すもの、通さないもの

分子の性質	例	透過性
疎水性分子	N_2、O_2、炭化水素、CO_2	自由に透過
極性のある小分子	H_2O、グリセロール、尿素	自由に透過
極性のある大分子	ブドウ糖などの単糖類、二糖類	透過できない
イオンや電荷をもつ分子	アミノ酸、H^+、HCO_3^-、Na^+、K^+、Ca^{2+}、Cl^-、Mg^{2+}	透過できない

6　あらゆる生物の生体膜は同じ厚さである

この脂質二重層がつくる膜の厚さは、地球上のすべての生物間でほとんど違いがない。リン脂質分子の油になじみやすい疎水基は、炭素原子が鎖状につながった形状をしているということだったが、この炭素の数がどんな生物種でもおよそ16個から18個と決まっているからだ。これによって、生体膜の厚さはどんな細胞でもだいたい10ナノメートルくらいと決まっている。髪の毛の直径がだいたい0.1ミリメートル（＝100マイクロメートル＝10万ナノメートル）とされているので、そのさらに1万分の1のスケールということになる。生体膜はかなり薄い。

生物によって生きている環境はそれぞれ違っているため、それぞれに適した膜の厚さというものがあっても良さそうなのだけれど、不思議なことに細胞をつくっている生体膜の厚さは、どんな生物でもそれほど変わらないのである。

7　進化に欠かせなかった脂質二重層の三つの特性

ここまでで紹介してきた、あらゆる生物が共通して使っている生体膜の骨格となっている「脂質二重層」がもつ特性をまとめると、次の三つに集約される。

①リン脂質分子がファンデルワールス力という力で寄り添って層をつくり、これが二層になった脂質二重層という膜構造をつくっている。
②ファンデルワールス力はとても弱いため、脂質二重層は柔らかく、簡単にかたちを変えられ、また簡単にちぎれる。
③脂質二重層は、これをつくっているリン脂質分子の性質から、水は通すが、イオンは通さない。

これら三つすべての特性が地球上で生物が進化するのに欠かせなかったものであり、どれか一つの性質が欠けていても、高等生物、特に文明をもつような知的生命への進化は起こりえなかったのである。なぜ、そういうことになるのか、ということをこれから紹介していこう。

４章　生物を動かすエネルギー：それには膜が必要だった

1　エネルギーの必要性

ここまでで、細胞をかたちづくっている生体膜がもつ特別な性質を紹介してきたのだが、これらがいったいどのように生物の進化と関係しているのだろうか？　生体膜のもつ性質が、なぜそれほどまでに生物の進化と関係しているのか？

生物が生物であるためには、「エネルギー代謝を行っている」という条件を満たしていなければならないように、あらゆる生物にとってエネルギーの獲得は最優先事項である。実は、生物が活動に必要なエネルギーを得るためには、必ず生体膜が必要なのである。

まずは、エネルギーと生体膜との関わりから紹介していくことにする。

「情報処理にはエネルギーが必要である」ということをご存じだろうか（くわしく知りたい方は、「マクスウェルの悪魔」というキーワードで、どこかのサイトを検索しよう）。たとえば、コンピュータを動かすと熱が発生するというのはよく知られていることで、スーパーコンピュータに演算させるためには、莫大な電力を必要とする。また、情報処理にはエネルギーが必要であることの証拠に、その逆反応を起こさせて、情報をエネルギーに変換できることも実験的に示されている。

これは機械に限ったことではなく、生き物にもあてはまる。実際、われわれヒトの体の中で、最もエネルギーを消費しているのは、心臓でも腕や足の筋肉でもなく、さまざまな情報処理を行っている脳である。生物が高度な知能をもつためには、大量の情報処理を行えることが条件となるわけだが、ということは、知的生命をつくる細胞には、大量のエネルギーを効率よく、しかも安全に生産するためのシステムが備わっていることが絶対条件となる。

では、われわれヒトは、どのようにしてそのような大量のエネルギーを得ているのだろうか？

2　すべての生物はATPからエネルギーを得ている

高度な知能をもつかどうかに関わらず、そもそも、生物が生きていくのには多かれ少なかれエネルギーが必要である。そのエネルギーをわれわれ生物がどのようにして獲得しているのかについて見ていこう。

バクテリアから、昆虫、植物、われわれヒトを含めた動物にいたるまで、地球上のすべての生物は、まったく同じ化合物から活動に必要なエネルギーを得ている。それがＡＴＰ（アデノシン三リン酸）である。ＡＴＰとはいくつかの元素が化学結合した化合物の名称であり、この化合物中のある特定の化学結合――ＡＤＰ‐リン酸結合が切断されるときに、エネルギーが放出される（その結果、ＡＴＰはＡＤＰとなる）（図４・１）。

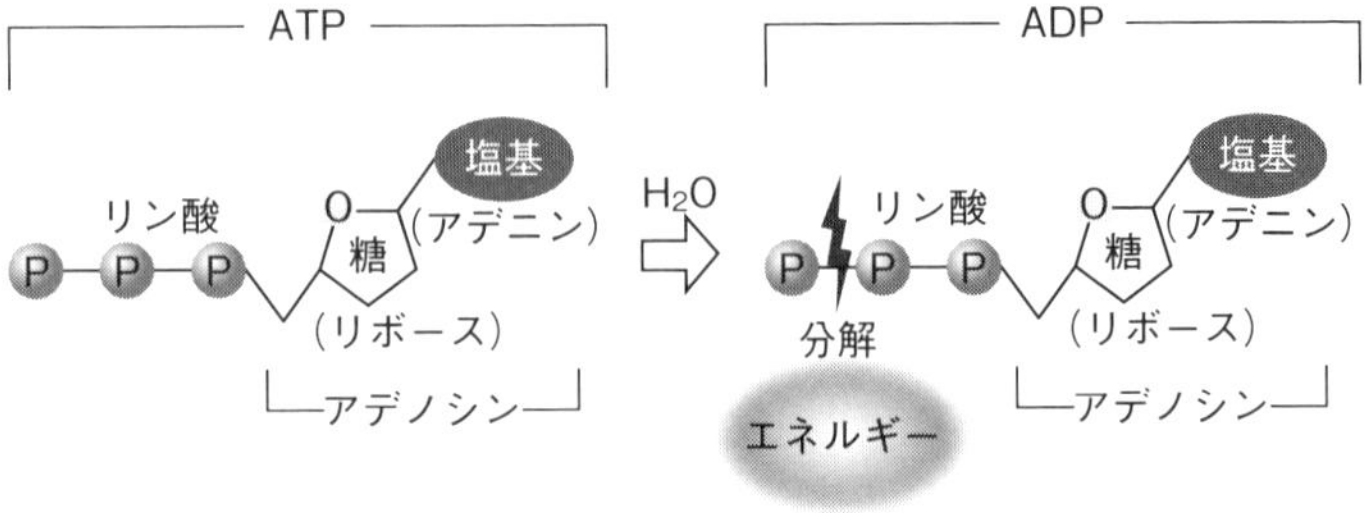

図4·1　ATPからリン酸が切断されエネルギーが取り出される

生物が光合成や食物から得たエネルギーを生体内で使うときには、いったんこのＡＴＰという化合物に変換しない限り、基本的には利用することができない（わずかな例外については後述する）。ＡＴＰをエネルギー源として使っていない生物はこれまで一つも見つかっておらず、地球上のあらゆる生物は、このＡＴＰを使って活動しているのである。

また、たとえば、ＤＮＡはヌクレオチドとよばれる分子を重合させてつくられるのだが、ヌクレオチドを一つつなげるのには2個のＡＴＰが必要であるし、アミノ酸をつなげたものがタンパク質となるのだが、アミノ酸を一つつなげるのには4個のＡＴＰが必要となる。生物の活動以前に、その生物をかたちづくるときからＡＴＰは必要なのだ。

ちなみに、生物が生きていくのに、どれくらいのＡＴＰが必要となるのだろうか？　つまり、生物の「ランニングコスト」はいくらになるのか？ということだ。どんな生物でもＡＴＰがつくられる場所は細胞の中であるが、たとえばヒトの場合、一日に自分の体重とほぼ同じ重さのＡＴＰをつくりだしている、という試算がある。また、仮にヒトの体中の細胞がいっせいにＡＴＰをつくるのを、ほんの３分止めただけで生命を維持できなくなる、という試算もある。あのヒーローが胸につけているタイマーの３分という時間設定は、あながちいい加減な設定ではなかったのである。

それでは、このＡＴＰは細胞の中でどのようにしてつくられるのだろうか？

3　ＡＴＰを合成する酸化還元反応

地球上の生物が、ＡＴＰというエネルギーを獲得する方法としては、「呼吸」、「光合成」、「発酵」の三つがある。いや、これだけたくさんの種類の生物が、地球上のさまざまな環境で生きているのに、たった三つの方法しかないと言ってもいいのかもしれない。これら、呼吸、光合成、発酵というのは、どれも一連の化学反応なのだけれど、三つとも、共通して「酸化還元反応」（レドックス反応とも言う）という特定の化学反応だけを使ってＡＴＰを合成しているのである。

なぜ、酸化反応と還元反応からエネルギーをつくり出すことができるのだろうか？　何かよく燃えそうなものに火を付けて燃やすと熱が発生し、お湯を沸かしたり体を温めたりすることができる。ものを燃やすことで、そこからエネルギーが取り出せそうだ。このものを燃やす「燃焼」

という現象は、可燃物が空気中の酸素と結びつく反応であり、これは「酸化」とよばれる反応の一つである。燃焼というのは「急激な酸化反応」なのだけれど、これを生物が利用してエネルギーを取りだそうとすると、たちまち自身が焼きつくされてしまう。

これに対して、「ゆっくりとした酸化反応」というものもある。たとえば、鉄を放っておくと錆びてしまう。これも、鉄が空気中の酸素と結びついて酸化鉄になる立派な酸化反応である。ゆっくり燃えている、とイメージすれば良い。しかし、そんな非常にゆっくりとした酸化反応からエネルギーを取り出すことができるのだろうか？　ここで、冬の寒い日に活躍する使い捨てカイロを思い出してみよう。使い捨てカイロの中身は、実はほとんどが鉄の粉末である。これが空気中の酸素と化学反応して酸化され、酸化鉄になるときに熱を発生する。これが使い捨てカイロから熱が発生するしくみだ。そう、ゆっくりと起こる酸化反応からでも、ちゃんとエネルギーを取り出すことができるのである。

これは鉄に限ったことではなく、物質が酸化されるときに、そこからエネルギーを取り出すことができる。ただし、単に物質を酸化させてしまうだけだと、せっかく得られたエネルギーが熱になって逃げてしまう。そこでそのエネルギーを、いったん、ＡＴＰという化合物の中に、化学結合という安定なかたちで貯蔵するのである。エネルギーを取り出したいときには、この化学結合を切断すれば良い。

では、還元反応はどこで登場するのだろうか？　中学校の理科で習う酸化と還元では、物質が酸素と結合する反応のことを、文字通り酸化と習うのだが、一般に化学反応における酸化反応とは、物質から電子が放出される（電子を失う）反応のことである。逆に、物質が電子を得る反応が還元反応である。鉄が酸化されて酸化鉄になる反応を例にすると、鉄が酸化されることによって、その鉄から電子が放出されるのだけれど、その放出された電子は、鉄にくっつく方の酸素が受け取っていて、これで酸素は還元されたことになる。

すなわち、酸化反応と還元反応は、必ずペアで起こる反応であって、酸化反応によって放出される電子を受け取る物質（すなわち還元される物質）が存在して初めて成立する。そして、この電子を受け取る物質は、必ずしも酸素である必要はない。

呼吸も光合成も発酵もすべて、この酸化還元反応というたった1種類の化学反応からエネルギーを取り出してＡＴＰをつくり出しているのである。

4　細胞呼吸：強力なエネルギー獲得方法

「呼吸」と言ってしまうと、息を吸って、吐いて、という動作を想像するかもしれないが、ここでの呼吸とは、有機物（たとえばエネルギー源となる糖）を酸化させて、そのときに取り出されるエネルギーでＡＴＰを合成することである（これを「細胞呼吸」という）。この酸化反応が起こるときに、酸化される分子から電子が放出されるのだけれど、この電子を最終的に酸素に渡すのが、いわゆる「好気呼吸」とよばれるもので、われわれヒトもこれを行っている。この好気呼吸はたいへん効率の良いエネルギー生産方法で、1分子の糖（グルコース）を酸化させることで、ＡＴＰをおよそ30分子もつくることができてしまうのである。

放出した電子を受け取ってくれる物質さえあれば酸化反応は起こるのだから、電子を渡す物質は酸素である必要はない。たとえば、酸素以外の無機物に電子を渡すのが「嫌気呼吸」とよばれるものである。つまり、酸素がなくても「呼吸」をしてＡＴＰをつくることができるのである。

これらの「呼吸」による電子の受け渡しを行っているのが、「呼吸鎖」とよばれる、生体膜に埋まった一連の膜タンパク質だ。脂質二重層にはさまざまな機能をもった膜タンパク質が埋まっていて、脂質二重層＋膜タンパク質のセットで「生体膜」なのである。呼吸を行う細胞は、その細胞をつくっている生体膜に、酸化還元反応からエネルギーを取り出すための呼吸鎖とよばれる膜タンパク質群を備えている。

5　光合成：太陽からのエネルギー獲得方法

別のエネルギー獲得方法である光合成では、どのようにしてエネルギーをつくっているのだろうか？「酸素発生型」というタイプの光合成を行う生物は、呼吸と光合成の二つのシステムのどちらからでもATPをつくることができる。光合成では、太陽から降りそそぐ光のエネルギーを使って、「水」を酸化することでエネルギーを取り出している。ここでもやはり酸化反応だ。この反応を担っているのも、生体膜に埋まった「光化学系」と「シトクロム」とよばれる一連の膜タンパク質である。酸化反応というのは物質が電子を失う反応のことだったが、光合成によって水（H_2O）が電子を失うと、水素原子（H）2個が取り除かれて酸素（O_2）がつくられる。この酸素はいわゆる光合成反応での副産物——いわば老廃物だ。この酸素が大気中に放出されることで、地球の大気は一定の割合で酸素を含んでいるのである。

さらに、光合成で水を酸化させるときに出てくる電子を、$NADP^+$（酸化型）という化合物にも渡して、NADPH（還元型）という分子に変換する。このNADPH（還元型）はつくられたATPとともに、空気中の二酸化炭素から糖をつくる。そして、この糖は呼吸によって酸化され、ATPの合成に使われるのである。

ちなみに、同じ光合成でも酸素が発生しないタイプのもの（酸素非発生型光合成）もあり、たとえば、光合成細菌とよばれるある種の微生物が行う光合成がこれにあたる。この場合、光のエネルギーで酸化させるのは水ではなく、水素や硫化水素、チオ硫酸などの化合物で、この反応からエネルギーを取り出してＡＴＰを合成している。

生命が誕生する以前の太古の地球の大気の成分は、二酸化炭素がそのほとんどを占め、そこに微量の窒素や水蒸気を含むものだった、とされている。やがて、地球が冷えて、大気中の水蒸気が液体となって海になり、水に溶けやすい二酸化炭素がその海に吸収された。その結果、大気中には水に溶けにくい窒素が残り、これが現在の大気の主成分となった、というシナリオが広く受け入れられている。

そのため、生物が最初に獲得したエネルギー生産システムは、酸素を必要としない嫌気呼吸であったのだろうとされている。その後、光合成という画期的なエネルギー生産システムを獲得した生物（後述のシアノバクテリア）が出現して、それらの光合成生物によって大気中に大量の酸素が放出されたのである。その結果、地球の大気の主成分が窒素と酸素に変わり、酸素を利用する好気呼吸というしくみが出現した、というのが現在広く受け入れられているストーリーである。

6 発酵：効率の悪いエネルギー獲得方法

ちなみに、酸化反応によって放出された電子を、酸素や酸素以外の無機物ではなく、何らかの有機物に渡してもATPは合成できる。これがいわゆる発酵とよばれるものである。つまり、発酵は酸素がなくてもできることになるのだが、実は資源の利用法としては非常に効率が悪い。呼吸では、有機物を最終的に二酸化炭素にまで完全に分解して、その有機物がもっている化学結合のエネルギーを最大限に取り出しているのに対して、発酵では、有機物を途中までしか分解しないので、その有機物が化学結合としてもっているエネルギーのほんの一部しか使っていないことになるからだ。しかも、電子を受け取り終わった有機物は、それがそのまま老廃物となってしまう。この老廃物というのが、たとえば、アルコール（アルコール発酵）や酢（酢酸発酵）や乳酸（乳酸発酵）などにあたるもので、発酵によってATPをつくればつくるほど、それを行っている生物自身の生育環境を老廃物で汚してしまうことになるのである。

この発酵に対して、呼吸や光合成では、老廃物として出てくるのは水や酸素や二酸化炭素なので、このような弊害はない。

7　$F_O F_1$ ATP合成酵素：イオンの流れを利用してATPをつくり出す

酸化還元反応からエネルギーを取り出せることはおわかりいただけたと思うが、その取り出してきたエネルギーをどのように使ってATPをつくっているのだろうか？

エネルギーを取り出すための呼吸や光合成を行うには、「呼吸鎖」や「光化学系」と「シトクロム」といった、膜に埋まった膜タンパク質による分子装置が必要であるということだったが、そこから得られたエネルギーを使ってATPをつくるときにも、これらとペアになってはたらく分子装置があり、そのために必ず生体膜が必要となる。呼吸や光合成と連動して、先に述べた脂質二重層のもつ性質を、実に巧妙に使って大量のエネルギー（ATP）をつくり出している分子装置があるのである。そのしくみについて紹介しよう。

前の章で述べたように、水の中にリン脂質分子をたくさん入れると、自己集合して脂質二重層を形成し、さらにそれが球状に閉じた形状のものができる。ちょうど、細胞のような感じだ。この脂質二重層で仕切られた球体の内部は水で満たされており、同じように外部も水で満たされている。この球体をつくる脂質二重層は、先にも述べたように、水（H_2O分子）は通すことができるため、水分子は球体の内部と外部を自由に行き来できる。

　ここで、この外部の水にイオンが含まれている場合はどうなるのだろうか？　脂質二重層は、水の中にとけたイオンをほとんど通すことができないため、球体の外側にあるイオンは球体の内部にまで入っていくことはできない。しかし、ここでもしこの脂質二重層に、特定のイオンだけを通すことができる「孔」があったとしたらどうなるだろうか？　球体の外側のイオンは、その孔を通って勢いよく球体の中に流れ込んでいくだろう。さらに、この孔に、そのイオンの流れを水車のように利用してエネルギーを取り出すしくみをもたせれば、それを使ってＡＴＰを合成させることができるのではないか。

　そう、そのような孔と水車が、ほぼすべての細胞がＡＴＰの合成に使っている、F_0F_1ＡＴＰ合成酵素とよばれる、脂質二重層に埋まった膜タンパク質――ＡＴＰを合成するための分子装置なのである。F_0というのが脂質二重層に埋まって孔をつくる部分で、F_1とよばれる部分がＡＴＰの合成を行う水車の部分である（図４・２）。

　いや、しかし、イオンが流れ込んでいく一方では、やがて球体の内側と外側とでイオンの濃度が釣り合って、イオンの流れが止まってしまうのではないだろうか？　恒常的にイオンの流れをつくって、このシステムを動かし続けるには、イオンの流入と同時に、イオンを外側に汲み出すしくみが必要となりそうだ。

　実は、このイオンの汲み出しに、呼吸や光合成による酸化還元反応から得られるエネルギーが

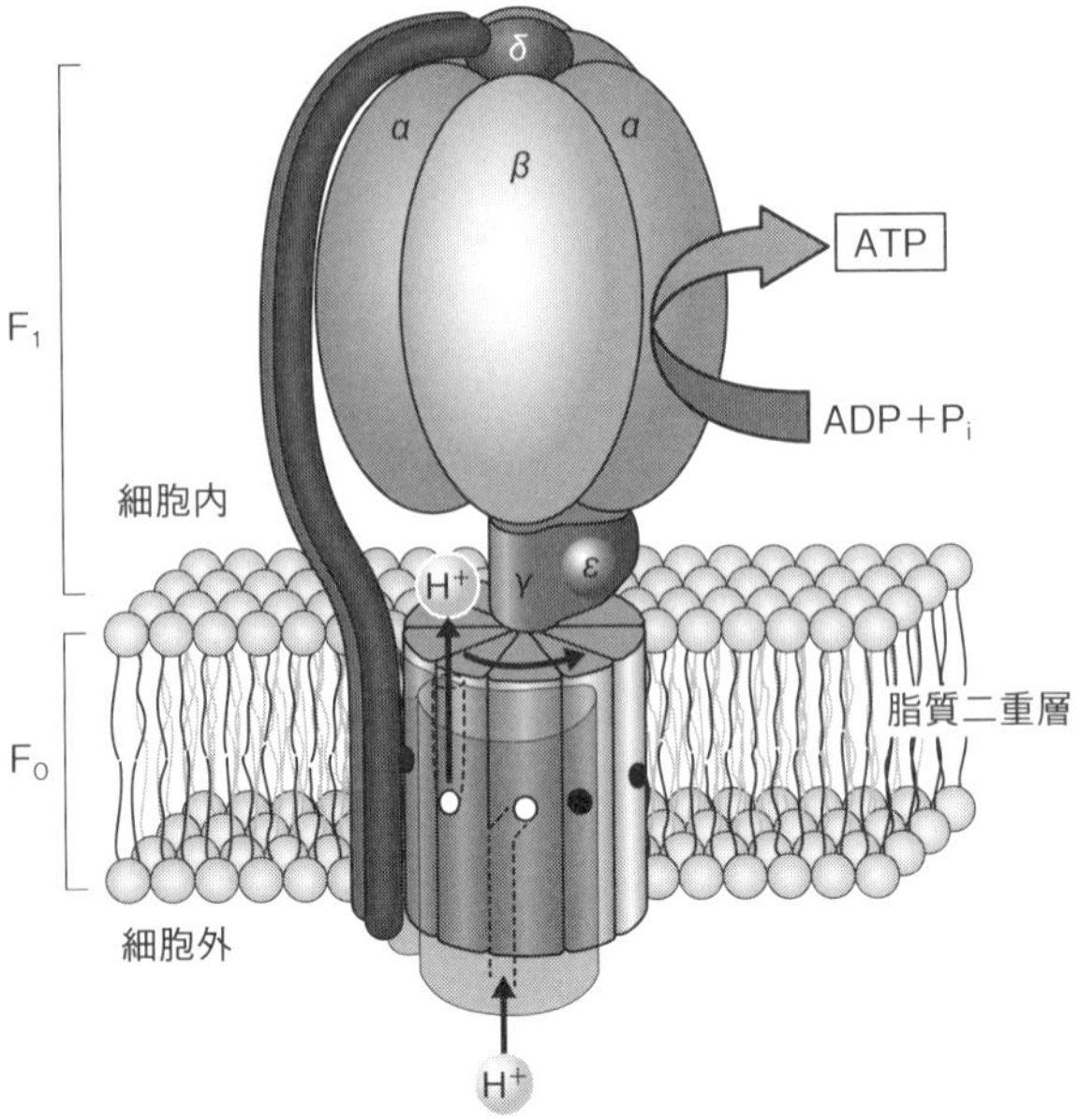

図4·2　ATP 合成を行う F_0F_1ATP 合成酵素
Jiang, W. *et al.* (2001) Proc. Natl. Acad. Sci. USA, **98**: 4966-4971 より改変

使われているのである。呼吸では、生体膜に埋まった「呼吸鎖」とよばれる一連の膜タンパク質がイオンを膜の片側に汲み出し、また光合成では、同じく生体膜に埋まった「光化学系」と「シトクロム」とよばれる一連の膜タンパク質が、イオンを膜の片側に発生させる（図4・3）。

　このように、地球上のほぼすべての細胞は、呼吸や光合成によって得られるエネルギーを使って、生体膜を隔てた片側にイオンを貯蔵し、この貯蔵されたイオンが生体膜

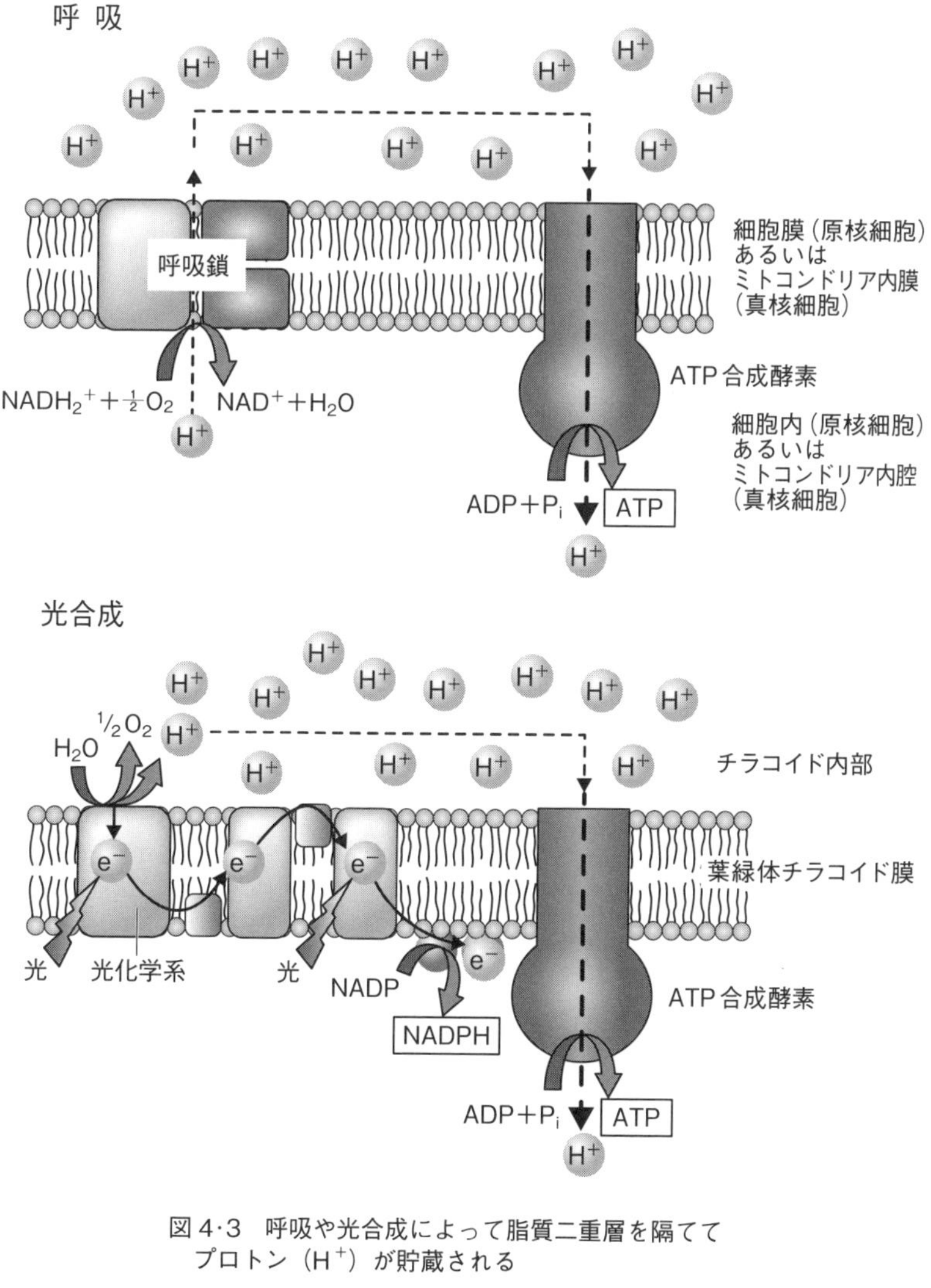

図4·3　呼吸や光合成によって脂質二重層を隔てて
プロトン（H^+）が貯蔵される

に備わる特殊な孔と水車――F_0F_1ATP合成酵素という分子装置を通って、膜の反対側に戻るときの流れを使ってATP――エネルギーを合成しているのである。

ここで使われるイオンとは、ほとんどの場合は、水の中に大量に存在する水素イオン（H^+：プロトン）である。ここで、脂質二重層を隔てて水素イオンを膜の片側に溜めることによって二つのことが起こる。一つは、当然のことながら、膜を隔てて水素イオンの濃度差ができる。もう一つは、水素イオン自体が電気を帯びているため、濃度差が生じるのにともなって、膜を隔てて電気的な勾配――つまり電圧が生じる（これを膜電位という）。このときに生じる電圧は、150～200ミリボルト程度となるのだが、膜の厚みなどを考慮した電界強度という尺度にすると、なんと雷にも相当するパワーなのである。

この濃度差と電位差を合わせたエネルギーのことを「電気化学ポテンシャル」といって、このエネルギーを使って、水素イオンが脂質二重層に埋まったF_0F_1ATP合成酵素のF_0部分の孔を勢いよく通り抜けて、F_1部分の水車を回してATPを合成するのである。

このF_0F_1ATP合成酵素のF_1部分というのは、本当に水車のような構造をしていて、この酵素を10個の水素イオンが通り抜けるごとに、合成酵素内のシャフト（回転軸）に相当するタンパク質が1回転して、シャフトの先端が酵素の活性部位を動かして3分子のATPが合成されると見積もられている。この水車はおよそ毎秒100回以上もの速さで回転してATPの合成を行っているのである。

タイヤで走る動物も、プロペラで飛ぶ鳥も、スクリューで泳ぐ魚もいないように、生物の中には回転するしくみをもったものがほとんど見られないような印象があるかもしれない。しかし、実は細胞の中のタンパク質でできた分子装置にはあったのだ。生物の中で、回転運動することが実証されている分子装置は、このATP合成酵素と、後に紹介する、細菌がもつ運動器官である「べん毛」を動かす分子装置の二つだけである。これら二つとも、生体膜に埋まっているタンパク質でできた分子装置である。

コラム　予言できない生命科学

物理学の分野では、純粋な理論だけを根拠に、それが存在しなければならない、というように割り出された物質や現象が数多くある。

たとえば、日本人初となった湯川秀樹氏のノーベル物理学賞の受賞も、「中間子」というものの存在を予言した功績に対してであったし、また、アインシュタイン（Albert Einstein）は自身の一般相対性理論から、宇宙の膨張や、ブラックホール、そして重力波などの存在を予言し、これらはすべて実験的にその存在が確認された。さらに最近では、「暗黒物質」（ダークマター）というものが存在しなければ、宇宙で観測される現象を説明することができない、と割り出されているものがあり、これから数年の間に何か展開があるかもしれない。

ところが、生物学・生命科学の分野では、このように純粋な理論や観察される現象だけから、その存在が「予言」された物質、現象というものはきわめて少ない。その少ない例の一つが、この生体膜を使ったATP生産のしくみなのである。

8 ミッチェルの予言

生物はエネルギーとしてATPという化合物を利用しているということ自体は、ずいぶん昔から知られていて、それが酸化還元反応から取り出したエネルギーを使って合成されている、ということもわかっていた。ところが、このエネルギーがどのように使われてATPが合成されているのかについては長い間謎とされていた。

1960年代に、このATP合成のしくみ――生体膜を介したイオンの濃度差（正確には電気化学ポテンシャル）を使ってATPを生産しているということを予言したのが、イギリスの生化学者、ピーター・ミッチェル（Peter Mitchell）である。当時の多くの研究者は、酸化還元反応から取り出したエネルギーを使って、なにか高エネルギーの中間体（なんらかの化合物）が生成され、その化合物がもつエネルギーを利用してATPが生成されると考えていた。そのため、当初、ミッチェルの説は学界では受け入れられず、ほとんど無視されていたといってもよいくらいの状況だった。この「イオンの濃度差を使う」というしくみは、当時としてはそれくらい突飛な考え方だったのである。その後、ミッチェルの説は実験的に実証されることとなり、彼はこの功績で1978年にノーベル化学賞を受賞している。

ちなみに、このミッチェルの研究成果は、生物学の歴史の中でもエポックとなる発見だったのだが、これはワトソンとクリックによりDNAの二重らせん構造が発見されたのと同じ時代に行われた研究であり、生物学にとって偉大な発見をした彼らは同じ時代を生きていたのである。

コラム　ピーター・ミッチェル～孤高の道楽科学者～

新しいもの、突飛なものというのは、最初は受け入れられないものである。これまでの歴史で幾度となく繰り返されてきた。最初は、多くの人たちが敵視し、「まともでない」と眉《まゆ》をしかめ、「馬鹿げている」と苦笑し、ときには「狂っている」などと排斥される。ジャズもロックも、初めは「こんなものは音楽ではない」と否定された。ミッチェルの電気化学ポテンシャルを使ったATP合成のメカニズムの予言（化学浸透圧説）も、いわばそのような扱いだった。

ミッチェルは、1951年にケンブリッジ大学で博士号を取得し、その後、1955年にエジンバラ大学に招かれて、研究グループを率いていた。彼が、化学浸透圧説を予言する最初の論文を出したのは、この期間の1961年のことである。それは、科学誌 Nature に掲載されたのだが、当時は注目を集めるどころか、その内容さえ理解できる人は少なく、「この人はいったい何を言ってるんだ?」というレベルであったそうである。

さらに運の悪いことに、ミッチェルは胃潰瘍のため1963年に大学を辞すことになる。もし、ミッチェルがここで研究を止めていたとしたら、生体エネルギーの研究は大きく遅れることとなっていただろう。

ところが、ミッチェルには他の人にはない選択肢があった。彼は、叔父が経営する大企業の株の配当を受けていたため、その潤沢な財力で農場を購入し、その敷地内に私設の研究所――グリン研究所を設立して、1965年には研究生活を再開したのである。研究資金には農場から得られる収入と株の配当が充てられた。言うなれば、「職業科学者」から「道楽科学者」への転身である。その後、次第に業績が認められるようになり、1978年にノーベル化学賞を授与されるに至った。

大多数の人が反対するようなことでも、それが正しいことはある。しかし、職業科学者がそれを声高に主張すると、研究費も獲得できないし、報酬やポジションもあがらない。ミッチェルは職業集団に属さない立場の人間だったからこそ、自説を通すことができたのだろう。

振り返ってみれば、かつての著名な科学者は、現在のように研究機関に属する職業科学者ではなく、生活のための収入は科学とは関係ないところから得ていた。メンデル（Gregor Johann Mendel）は修道院に勤めていたし、微生物学の父とされるレーウェンフック（Antonie van Leeuwenhoek）は織物商を営んでいた。ダーウィン（Charles Darwin）にいたっては、裕福な資産家であったため、生涯「無職」であった。学者というのは、どこからも資金提供を受けていない立場の人間でいることが重要なのかもしれない。

9　進化には脂質二重層の膜が必要だった

地球上の生物というのは、どうやらみんなすごく良く似た方法で活動に必要なエネルギー——ＡＴＰをつくりだしているらしい。動物が行う呼吸と、植物などが行う光合成とでは、一見、まったく別のことのように感じられるかもしれないけれど、どちらも目的は酸化還元反応を起こさせることであり、それによって得られるエネルギーを使って、生体膜を隔てたイオンの勾配をつくるためなのである。

生物——つまり、細胞の活動に必要なエネルギーをつくる方法として、地球上の環境で起こりうるさまざまな化学反応が利用できそうな気がする。それにも関わらず、バクテリアから植物、われわれヒトを含めた動物に至るまで、地球上のすべての生物は、酸化還元反応というごく限られた化学反応だけを使ってエネルギーを取り出し、そのエネルギーを生体膜を隔てた水素イオンの勾配というかたちで貯蔵し、その水素イオンの流れを利用して、備蓄可能なエネルギーであるATPを得ているのである。なにか不思議な感じはしないだろうか？

このようなしくみが、いつ、どのようにして生まれたのかについては、まったくわかっていない。推測すらできない。太古の昔、地球上に生命が誕生して間もない頃には、もしかしたら別のエネルギー生産システムを使った生物もいたのかもしれない。しかし、現在の地球上で確認されているあらゆる生物がこのしくみを使っているということは、少なくとも生物の進化のかなり早い段階でこのしくみは出現していた、ということは言えるだろう。しかも、このしくみは、「水は通すけれど、イオンは通さない」という、すべての生物が生体膜に採用している脂質二重層がもつ特別な性質があったからこそ実現できているのである。

他のエネルギー生産システムが共存していた時期があったとしても、なぜこの生体膜を使うしくみだけが生き残ることになったのか、ということについては、納得のいく説明をするのは難しい。もし、脂質二重層とは異なったタイプの「膜」を採用した生物がいたとしたら、どのような方法でエネルギー生産を行っていただろうか？

ＡＴＰを得るためには、先に述べた発酵というやり方もある。実は、この発酵を行うのに生体膜は必要ない。実際、発酵のみを使って生きていける生物もいる。しかし、進化上は、発酵の方が呼吸よりも後の時代に出現したという証拠がある。しかも、この発酵というやり方は、ＡＴＰ生産の効率がとても悪いため、この方法だけでエネルギーを得ている生物は、大量のエネルギーを必要とする高度な情報処理が行えるような生物――文明を築けるほどの知的生命体へと進化することはできないだろう。このような脂質二重層を使わないタイプのエネルギー生産方法で、呼吸や光合成と同じくらい効率の良いものを使っている生物は、今のところ地球上で一例も見つかっていない。

つまり、われわれ生物の共通祖先が脂質二重層を膜として採用していなければ、効率の良いエネルギー生産方法を獲得することができず、情報処理に多くのエネルギーを必要とする知的な生物へと進化する可能性は見込めなかった、ということになるのだ。

このように、生物の営みに必要なエネルギーの獲得には、脂質二重層を骨格とする生体膜の存在が欠かせなかったことは納得いただけたと思う。しかも、高等生物は細胞をつくったり、動いたりするのに加えて、情報処理を行うのに大量のエネルギーを必要とするのだが、それを充分に賄えるだけのエネルギー生産が安全に行えるシステムを生体膜に備えているのである。

しかし、脂質二重層の活躍の話はこれだけでは終わらない。細胞が大量のエネルギー生産を行える、というのは、その細胞が知的生命へと進化するための、あくまでも必要条件である。この脂質二重層のもつ特別な性質が貢献しているのは、効率の良いエネルギー生産に対してだけではない。

生体膜は細胞をかたちづくる骨格となるものなので、生物のかたちを決める重要な要素である。生物は進化の過程で、細胞のかたちや大きさを変化させてきた。その変化が起こるためには、脂質二重層のもつ性質が欠かせなかったのである。

次の章では、この生体膜がどのように細胞をかたちづくっているのか、そして生体膜がつくるかたちがどのように関わって細胞を高機能化させていったのかについて見ていくことにする。

5章　原核細胞の進化：革命前夜

1　原核生物と真核生物

先に述べたように、生体膜に注目すると、現在の地球上には、細胞の中と外とを仕切る細胞膜だけしかもたない原核細胞からつくられる原核生物と、細胞膜で囲まれた中に、さらに生体膜で囲まれた区画――細胞小器官をもつ真核細胞からつくられる真核生物の2種類の生物が存在している。

これら二つとも、祖先は共通なのだけれど、最初に出現したのは、生体膜の構造がより単純な原核生物の方だ。たとえば、大腸菌や、納豆をつくるのに用いられる納豆菌（枯草菌の一種）、病気を引き起こすサルモネラ菌やビブリオ菌などがこれにあたり、まとめて「バクテリア」などとよばれたりする。これらの原核生物は、生体膜としては細胞の内と外とを仕切る細胞膜だけしかもっていないため、膜を必要とする生体反応は、すべてこの細胞膜で行われることになる。当然、先に述べたエネルギーをつくるための呼吸鎖やF_0F_1ATP合成酵素もこの細胞膜に備わっている。原核生物は、細胞膜に埋まった呼吸鎖によって細胞の内外で水素イオンの勾配をつくり、それを利用して、同じく膜に埋まったF_0F_1ATP合成酵素がATPの合成を行う、という具合に、活動に必要なエネルギーを得ているのである。

2　イオンの流れで動く「べん毛モーター」

地球上のあらゆる生物はエネルギー源としてＡＴＰを使って活動している、というふうに書いてしまったのだが、原核生物がもっている特定の機能については例外がある。細胞膜を隔てたイオンの濃度差（電気化学ポテンシャル）から直接エネルギーを取り出している場合もあるのだ。つまり、いったんＡＴＰとして貯蔵したエネルギーを使うのではなく、生体膜で呼吸鎖によってつくられたエネルギー――電気化学ポテンシャルを直接利用している場合もあるのである。

たとえば、バクテリア（真正細菌）は、体から生えた「べん毛」とよばれる運動器官を使って液体中をスイスイと泳ぐことができる。このべん毛というのは、らせん状のかたちをしていて、これを根元の部分で回転させて、スクリューのように使って泳ぐのだ。先に述べた、F_0F_1ＡＴＰ合成酵素と並んで、生物がもつもう一つの回転運動する分子装置である。

真正細菌はこのべん毛を使って、栄養となる物質（誘引物質という）が多いところには近寄っていき、毒となる物質（忌避物質という）があるとそこから逃げていく。このべん毛を回転させているエネルギーは、ＡＴＰではなく、細胞膜を隔てたイオンの流れから直接取り出しているのである。べん毛は細胞膜から生えているのだが、この根元に「べん毛モーター」とよばれる、特定のイオンだけを通す膜タンパク質でできた孔があり、この孔にイオンが流れるとべん毛が回転するようなのである（図5・1）。ちょうど、F_0F_1ATP合成酵素と似たような感じだ。イオンの流れがどのようにしてべん毛の回転運動に変換されているのかについての詳しいメカニズムはまだ解明されていないのだけれど、おそらく、F_0F_1ATP合成酵素の場合と同じように、イオンがべん毛モーターの孔の中を勢いよく流れている物理的な力が回転運動に変換されているのであろうと考えられている（このように、せっかく回転運動を生み出しても、最終的にはバクテリアは直線運動するのだけど）。

これに対して、真核生物も体（細胞）から鞭《べん》毛が生えているものがあり、これを使って移動する。ただし、その動き方は細菌のものとはまったく異なっている。真核生物に生えている鞭毛は、原核生物のようにべん毛をスクリューのように回転させて推進力を得ているのではなく、細胞か

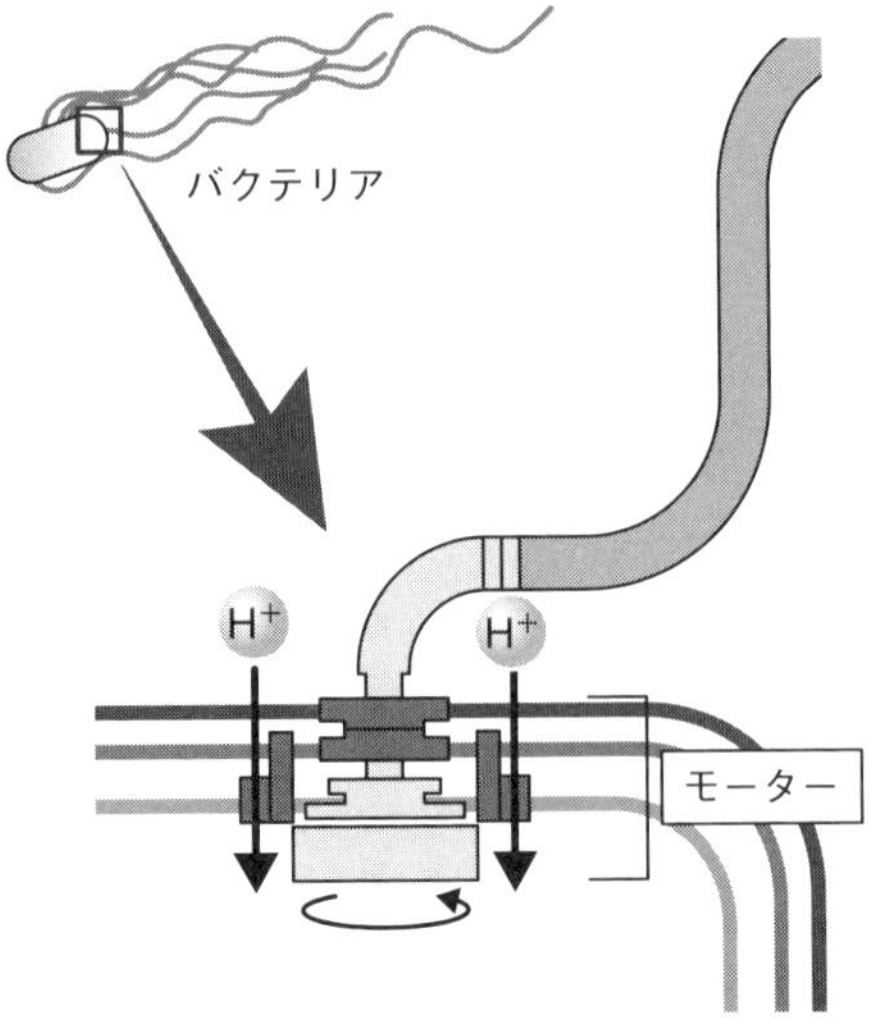

図5·1　イオンの流れを使って動くバクテリアのべん毛モーター

ら生えた鞭毛自身が文字通り「鞭《むち》打ち運動」することによって推進力を生み出している。しかも、この鞭打ち運動は、バクテリアのようにイオンの濃度差を使うのではなく、ＡＴＰをエネルギー源としている。鞭毛はいくつものタンパク質が集まってつくられているのだが、その中で駆動力を生み出す役割のタンパク質が、ＡＴＰから取り出すエネルギーを使って、そのかたちを連続的に変化させて、巧妙な鞭打ち運動を生み出しているのである。

ちなみに、お気づきの方もいると思うが、原核生物に生えているのをひらがなを交えて「べん毛」、真核生物に生えているのを漢字で「鞭毛」と書いている。歴史的には、真核生物がもっている鞭毛の方が先に発見されて、それが文字通り鞭打ち運動をしていることから「鞭毛」と名づけられた。その後、原核生物にも似たような「鞭毛」が生えているのが見つかり、かつては真核生物と同じ「鞭毛」と表記されていた。その発見当初は、真核生物がもっている鞭毛と同じように鞭打ち運動するものだと信じられていたからだ。ところが、その後の研究から、原核生物のべん毛は鞭打ち運動しているのではなく、前述のようにスクリューのような回転運動をしているということが判明した。となると、「鞭毛」と表記するのは意味合いが違う。しかし、いまさら別のネーミングに変更するには名称が定着してしまっている、ということから、音だけ残してひらがなで「べん毛」と表記されるようになったのである。

コラム　漢字で書けば良いというわけではない

生物で使われる用語には、「べん毛」と似たような経緯で、「音だけ残した用語」がいくつかある。たとえば、「蛋白質」などがそうだ。蛋白質の「蛋」という字は、もともと中国語で「鶏の卵」を意味するもので、鶏の卵の白い部分（つまり卵の白身のこと）に多く含まれる成分、というものを指して「蛋白質」とよばれるようになった。ところが、現在では、蛋白質というのは、「アミノ酸がペプチド結合によってつながった高分子化合物」というものを指すので、なにも卵の白身に含まれる成分だけを指しているのではない、ということで、やはり語源の音だけ残してカタカナで「タンパク質」と書かれるようになったのである。「蛋白質」と漢字で書くのが面倒だから「タンパク質」と書いているわけではなく、カタカナで書く「タンパク質」は立派な学術用語であり、むしろこちらの方が正確な表記とも言える。

3　古細菌：名は体をあらわさず

細胞の進化の話に戻ろう。地球上に先に出現した原核生物が進化することによって真核生物が誕生したのであるが、実は、原核生物から真核生物に進化する前の段階で、原核生物という括りのままで、一度だけ「進化」ともよべるような大きな変化を遂げている。

というのも、原核生物は進化上、さらに二つの種類に分けることができて、一つは、細菌――これは正式には「真正細菌」といい、もう一つは、「古細菌」とよばれるものである。これら二つは、進化学上は別の種類の生物であり、生物の共通祖先から、まず真正細菌が出現し、それから後の時代に古細菌が出現した……ん？　逆ではないのか？

古細菌というネーミングは、発見者であるアメリカの微生物学者、カール・ウーズ（Carl Woese）が名づけたアーキバクテリア（Archaebacteria）を訳したもので、アーキ（Archae）（ギリシア語で始原）＋バクテリア（Bacteria）（細菌）が由来となっている。これは、当時、古細菌が発見された場所（つまり生育する環境）が、高塩濃度の湖だったり、温泉など温度の高い場所だったり、さらには酸素のまったくないような汚泥の中だったりと、あたかも原始地球を連想させるような環境が多かったため、そこで見つかる生物群はそのころからの生き残りなのではないか、というふうに考えられたことから、真正細菌よりも古い時代に出現した細菌――「古い細菌」と書いて「古細菌」とネーミングされた。しかし、その後、実はその逆だったということが判明した（理由は後述する）。つまり、その名前から誤解を受けやすいのだけれど、実は進化的には真正細菌よりも後の時代に古細菌が出現したのである。

真正細菌と古細菌は、生体膜としてはどちらも細胞膜だけしかもっていなくて、見た目ではほとんど区別がつかないことから、これら両者は何世紀もの間、別の種類の生物だとは気づかれていなかった。ところが、細胞の中で起こっている生体反応を化学反応として解析する、「生化学」とよばれる分野の研究が発展して、細胞内で起こっているさまざまな生体反応の詳細や、その反応を起こしている生体分子の構造がわかってくるのにつれて、古細菌のもっているDNAの構造や、それが複製されるしくみ、そしてタンパク質を合成するためのリボソームとよばれる分子装置の構造などが、真正細菌がもっているものとはかなり違うタイプのものであるということが明らかになったのである。

これらのことから、実は古細菌は進化上、真正細菌から分かれたものであることがわかり、両者は別の生物として区別されるようになった。しかも、真正細菌と古細菌との進化上の隔たりは、古細菌と、その後に出現した真核生物との隔たりよりもはるかに大きいのである。

またこれとは別に、最初の原核生物が出現してから数億年ほど経ったころ、「シアノバクテリア」（ラン藻）とよばれる、酸素発生型の光合成を行うタイプの原核生物が出現してきた。細胞の構造としては、やはり細胞膜しかもたないのだけれど、この細胞膜には、先に述べた光合成に必要な「光化学系」とよばれる一連の膜タンパク質群が装備されている。地球上で最初に光合成を始めたのは、植物ではなく、バクテリアの一種であるシアノバクテリアなのである。このシアノバクテリアが行う光合成によって大量の酸素がつくられ、先に述べたように、地球上の大気の環境は大きく変わることになる。

4　微妙に違う真正細菌と古細菌の生体膜

真正細菌と古細菌とでは、ＤＮＡ複製のしくみや、タンパク質合成のためのリボソームの構造が大きく異なる、ということだが、実は生体膜についても違っている部分がある。両者とも脂質二重層という基本構造は同じなのだけれど、この膜構造をつくるリン脂質分子の立体構造が、ある意味両者で大きく異なっているのである。真正細菌がもつリン脂質と、古細菌がもつリン脂質は、立体構造がお互いに鏡像異性体（光学異性体ともいう）となっているのだ。

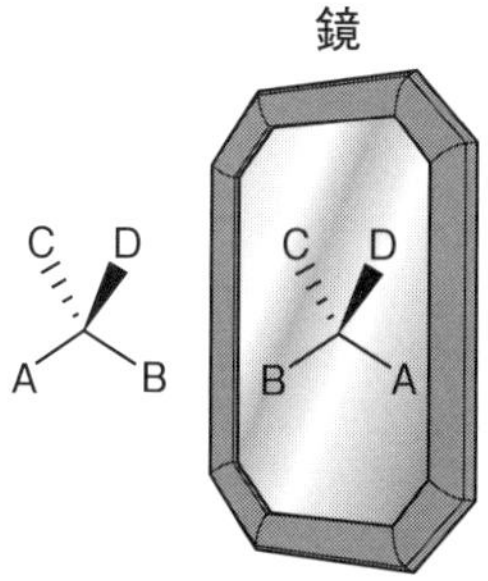

図5·2　鏡像異性体

鏡像異性体とは、化合物を紙に書いたときの平面構造ではお互いにまったく同じなのだけれど、三次元構造としてはお互いに鏡像関係――つまり鏡に映した関係にあるもののことをいう（図５・２）。たとえば、タンパク質をつくるアミノ酸や、

DNAやRNAをつくるリボースとよばれる糖（ただし、DNAの糖はデオキシリボース）には、それぞれL体とD体という2種類の鏡像異性体があるのだけれど、生物が使っているのはそのうちの一方だけで、アミノ酸はL体のみ、リボースはD体のみである。つまり、鏡像異性体は生物の中では、まったく異なる化合物として認識されているのである。生物をつくる材料として、アミノ酸はなぜL体が選ばれたのか、リボースはなぜD体が選ばれたのか、については、これも生命の起源や生命の進化と同じくらい、生命科学における最大級の謎なのだけれど、ここではひとまず置いておく。

これらの理由がどうであれ、異なる生物種間で、細胞の中で同じはたらきをする生体分子が鏡像異性体となっている、というような例は、真正細菌と古細菌のリン脂質分子以外には知られていない。さらに、真正細菌のリン脂質はエステル型脂質、古細菌のリン脂質はエーテル型脂質であるというように、細かな化学構造も違っている（どちらも脂質二重層をつくる、という点では同じである）（図5・3）。

実際、これらのリン脂質分子を細胞内で生合成するための酵素も、真正細菌と古細菌とではまったく似ておらず、明らかに起源の異なる酵素が使われているようなのである。なぜ、このような大がかりな変化が起こったのかについては、まったくわかっていない。

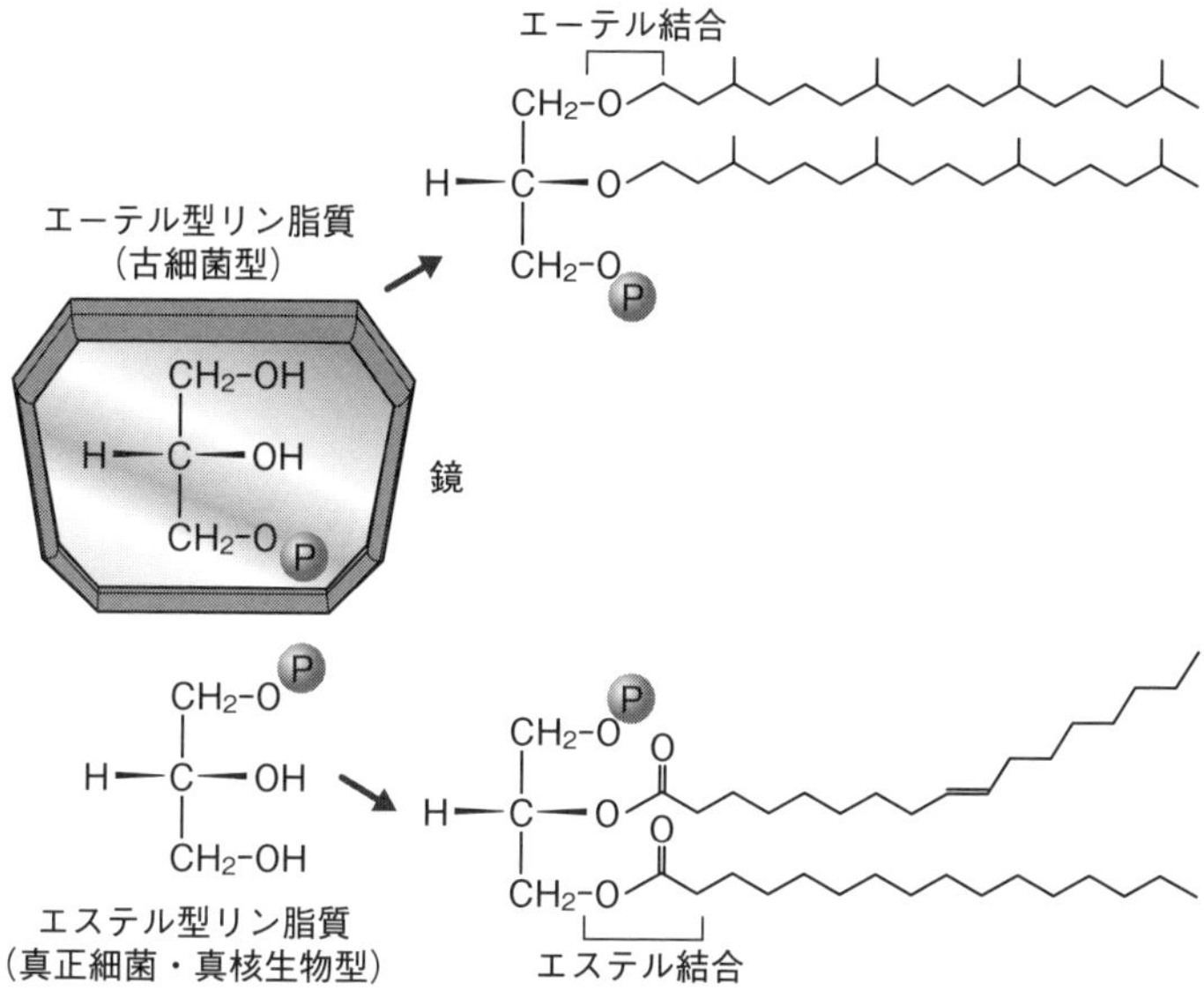

図5·3　真正細菌が使うエステル型リン脂質と、古細菌が使うエーテル型リン脂質

古細菌には、比較的高温の環境を好む「好熱菌」とよばれるものが多い。好熱菌とは、55℃以上の高温環境で育つ微生物のことで、これまでに見つかっている好熱菌の中には、なんと122℃でも生育するものがいる。122℃なんて温度では、水は沸騰して水蒸気になってしまっているじゃないか、と思われる方もいるかもしれないが、その好熱菌が棲んでいる場所は、熱水噴出孔（図5・4）という、地熱で熱せられた水が噴出する海の底の割れ目付近なので、水圧がかかっているため水は100℃では沸騰しない。

古細菌が脂質二重層をつくるのに使っているエーテル型脂質というのは、化合物としてはエステル型脂質よりも熱に対して安定である。このことから、エーテル型脂質で脂質二重層をつくるのは、古細菌が高温環境に適応した結果である、というもっともらしい説明もされている。ところが、常温付近で生育する古細菌も見つかっていて、その古細菌もエーテル型脂質を使っているのである。また逆に、真正細菌の中にも高温の環境で生育する好熱菌がいるものの、それらはエステル型脂質を使っている。

なぜ古細菌が、膜をつくるための酵素群を大きく入れ替えてまでエーテル型脂質を使うようになったのかについては、単に高温環境への適応というだけではすべてをうまく説明することができず、今なお謎のままである。

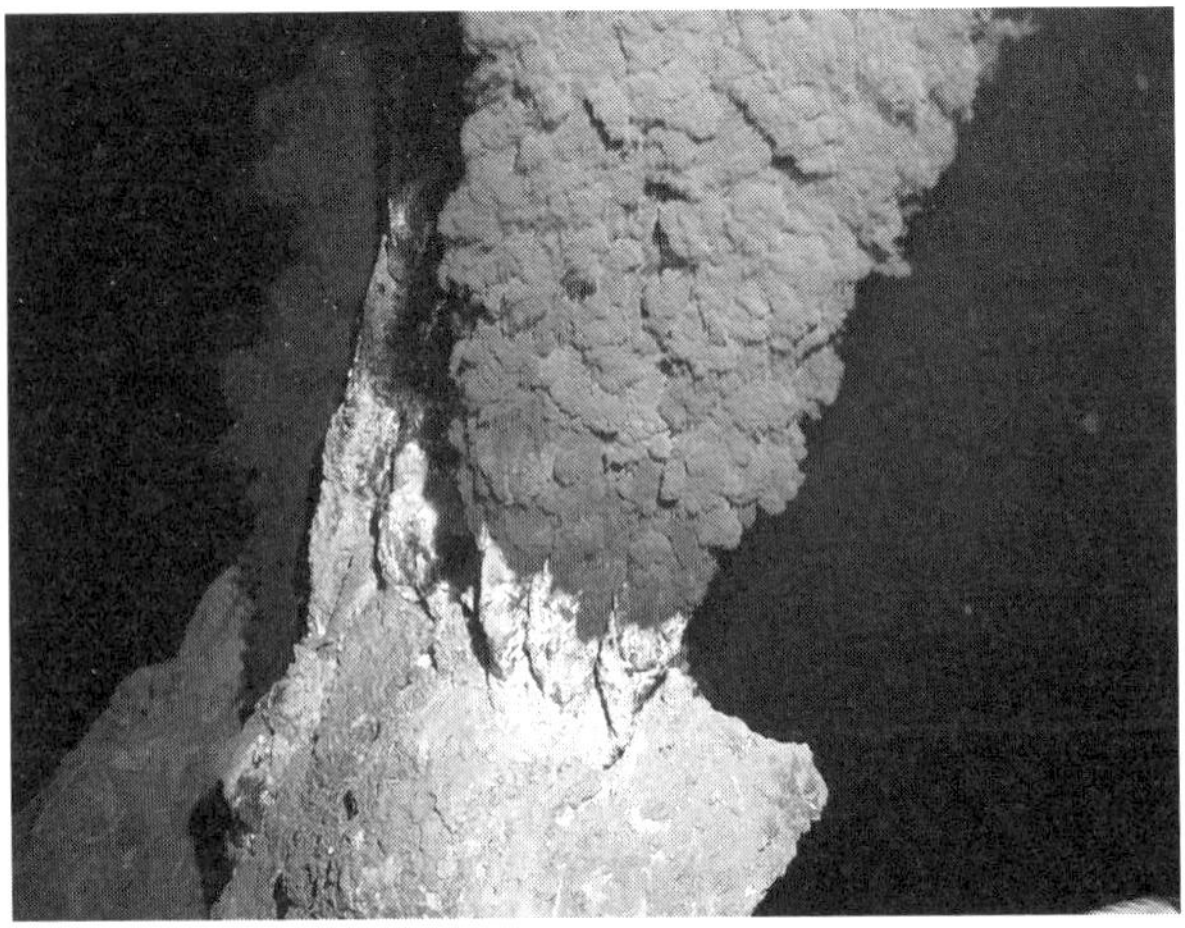

図 5·4　古細菌が棲息する熱水噴出孔
(写真提供：JAMSTEC)

地球上のあらゆる生物をつくる生体膜は、脂質二重層を骨格としている、と先に宣言してしまったのだが、実はこの古細菌がもつ生体膜については、厳密には例外がある。一般に、水中の分子というものは、それが置かれている環境の温度が上がるのにつれて激しく運動するようになる。先に述べた分子の「熱運動」のことだ。古細菌が棲むようなあまりにも高温な環境では、膜をつくるリン脂質分子の熱運動が大きくなり、これがリン脂質分子どうしをつなぎとめているファンデルワールス力を上回ってしまう。そのため、高温の環境では脂質二重層の構造が安定に維持できなくなり、膜構造が不安定になってしまう。

そこで、古細菌の中には、なにもそこまでしなくてもと思うのだが、脂質二重層をつくる二つの層のリン脂質分子どうしを末端で結合させてしまった、「大環状エーテル型脂質」（テトラエーテル型脂質）とよばれる分子を膜中に含んでいるものがある。この大環状エーテル型脂質が脂質二重層に一定量混ざっていることによって、この分子が膜を貫通して「くさび」の役割を果たし、高温の環境においても脂質二重層を安定化させることができるのだ。つまり、古細菌の細胞膜は、すべての領域において脂質二重層となっているわけではなく、局所的に「単層」になっている部分があることになる（図5・5）。

このような、大環状エーテル型脂質をもつようになったのも、高温環境に適応するためだと説明される場合もあるのだけれど、この場合も、好熱性ではない古細菌の中にも好熱性古細菌と同

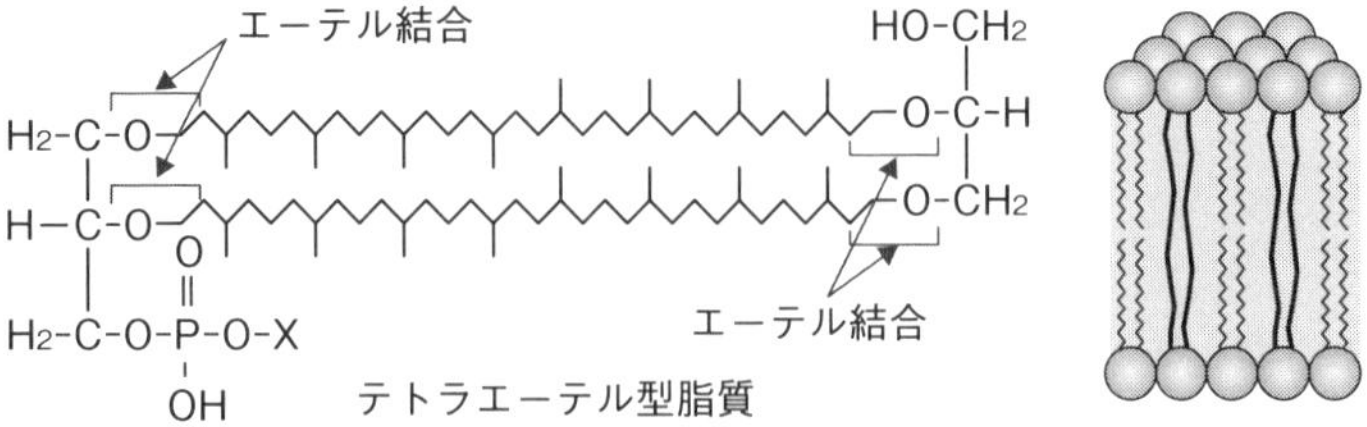

図 5·5　大環状エーテル型脂質とそれを含んだ脂質二重層

程度の量の大環状エーテル型脂質を細胞膜に含んでいるものが見つかっている。古細菌がなぜ大環状エーテル型脂質を使うようになったのかについても、単に高温の環境に適応するためという説明だけでは足りないのである。

原核生物の中には、われわれヒトに対して病原性をもつものが多く知られている。いわゆる、病原性細菌というやつだ。ところが、そのほとんどは真正細菌であり、どういうわけか、ヒトに対して病原性をもつ古細菌はきわめて例が少ない。医学部の学生が使う教科書にも古細菌の記述がないくらいなのである。真正細菌と比べて、古細菌の研究が少ないのは、このためである。

病原性をもつ古細菌がきわめて少ないことと、古細菌の細胞膜をつくるリン脂質分子、ＤＮＡ複製やタンパク質合成のための分子装置が、真正細菌のものと大きく違うこととの間に密接な因果関係があるのかについては、今のところよくわかっていない。

6章　真核生物の誕生：革命のはじまり

1 沈黙の20億年

長らく、原核生物しかいなかった地球上に、ある日突然、より複雑な膜構造をもった真核生物が誕生した。このできごとは起こるべくして起こったことなのだろうか？　あるいは、とてつもない偶然のできごとだったのだろうか？

真正細菌と古細菌は、見た目がほとんど同じであるということから、長い間同じ種類の生物であると思われていたのだけれど、生化学研究によって分子装置の構造やしくみを比較することにより、これらが進化学上は別の生物であることが判明した。古細菌がもつＤＮＡの構造や複製のしくみ、そしてタンパク質合成のためのリボソームの構造は、真正細菌のものとは大きく異なるということだったが、実は、それらのしくみや、分子装置の構造は、真核細胞がもつものに近い。古細菌は、真核生物のもつヒストン（ＤＮＡを巻き取るはたらきをするタンパク質）に類似したものをもっているし、クロマチンのような構造（ＤＮＡを効率よく収納するための構造）をつくっていたり、遺伝子にイントロン（遺伝子のうち使われていない部分）をもつものもいたりする。これらは真正細菌にはまったく見られないものであり、むしろ真核細胞に見られる特徴である。古細菌は、進化上は真正細菌よりも、むしろ真核生物に近い生物なのである。……そう、真核生物の最も近い祖先は古細菌なのである。

この古細菌から真核細胞が生まれ、真核生物へと進化を遂げるわけなのだけれど、そのタイムスケールとしてはどういうわけか、その間に長い長い沈黙の期間を経ている。地球が誕生してから、原核細胞の形態をした生物が現れるまでに、だいたい5億年ほどしかかからなかったのに、原核細胞の形態から真核細胞の形態に進化するまでには、なんと20億年もかかっているのである。この20億年の間に、原核生物に何が起こっていたのだろうか？　古細菌から、見た目でも大きく異なる真核生物へと、何をきっかけにして、どのように進化したのだろうか？　最も大きな変化として挙げられるのは、「細胞小器官」とよばれる複雑な膜構造の獲得である。実は、この細胞小器官を獲得するためにも脂質二重層のもつ性質が欠かせなかったのである。

2　細胞小器官の二つの起源

大学の細胞生物学の講義で、「細胞がもっている膜のうち、思いつく名前を挙げてみて下さい」と質問すると、「細胞膜」と答える人が圧倒的に多い。確かに、原核細胞も真核細胞もどちらの細胞ももっているものだし、細胞の内と外とを仕切っている膜なので、一番目立っている膜である。しかし、実は細胞膜というのは、細胞がもつたくさんの種類の膜の中では、比較的マイナーといってもよい存在なのである。というのも、真核細胞をすりつぶして膜の成分だけを分離してきた場合、そのうちの細胞膜が占める割合はたったの5％程度しかないのである。

つまり、細胞をつくっている膜の量としては、細胞膜よりも、細胞の中で細胞小器官をつくっている膜の方がはるかに多いのである。

コラム　生体膜と細胞膜

世の中には、「今川焼」「大判焼き」「二重焼き」「回転焼き」など、ほとんど同じものを指すのに複数の名称をもつものがあり、「どっちでもいいじゃないか」と思えるものが存在する。一方で、「生体膜」と「細胞膜」はどっちでもよくない。

生物をつくっているのは細胞であり、その細胞に使われている「脂質二重層にタンパク質が埋まった膜」のことを総称して「生体膜」という。このうち、細胞の一番外側を覆っている生体膜に限って「細胞膜」という。

原核細胞がもっている生体膜は細胞膜しかないため、原核生物にとっては、膜＝細胞膜である。ところが、真核細胞の場合は、細胞膜に加えて細胞小器官をつくる生体膜——核膜、小胞体膜、ゴルジ体膜、エンドソーム膜、リソソーム膜、ミトコンドリア膜なども もっている。しかも、量的には細胞小器官をつくる生体膜の方が細胞膜よりも格段に多い。これらの膜は細胞膜ではない。だから、細胞がもっている膜全般を指すような意味で「細胞膜」とよぶのは間違い。科学番組でも新聞でも間違えて使っていることがある。

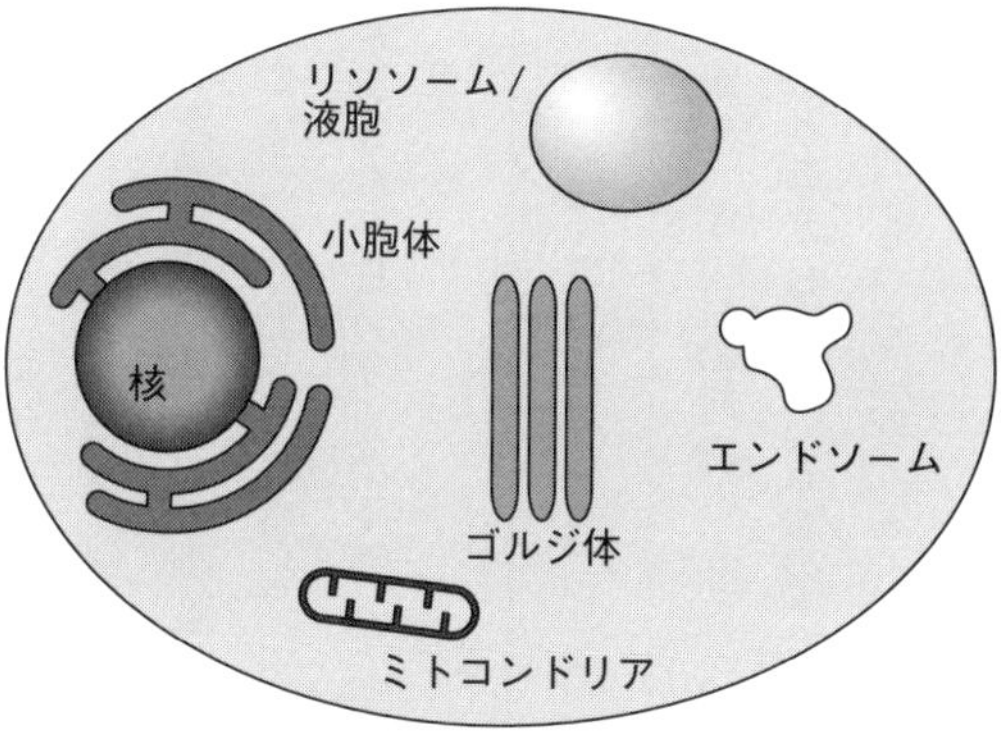

図6·1　細胞小器官を獲得した真核細胞

高校までの生物の教科書に載っている「真核細胞」の模式図として、このように描かれているものが多いだろう（図6・1。詳しくは図2・1参照）。われわれヒトを含めた真核生物をかたちづくる真核細胞の中には、脂質二重層で囲まれた複数の種類の細胞小器官がある。原核細胞――このうちの恐らくはある種の古細菌――が、これらの細胞小器官をなんらかの手段で獲得して真核細胞が誕生したわけだが、いったいどのようにしてこのような複雑な膜構造を手に入れたのだろうか？

細胞小器官の獲得には、実は二つの起源があると考えられている。一つは、古細菌の中に外から別のものが入り込んで細胞小器官になってしまったもの、もう一つは、古細菌自身が元々もっていた細胞膜が変化して細胞小器官になったもの、の二通りだ。なぜ、そうだとわかったのか？それぞれに説得力のある証拠があるので、それらを紹介するとともに、ここでもなぜ、脂質二重層のもつ性質が重要であったのかについて紹介する。

3 細胞小器官の獲得 その1：侵入者を取り込め

まず、一つ目の起源として、古細菌に外から入り込んできたものが、そのまま細胞小器官になった、と考えられているものについて紹介する。その具体的な細胞小器官というのは、すべての真核細胞がもっている「ミトコンドリア」と、植物など光合成を行う細胞がもっている「葉緑体」である。では、いったいなにが入り込んできたのだろうか？

ミトコンドリアと葉緑体の獲得は、有名な「共生説」として説明されているもので、後に真核細胞へと進化を遂げる「始原真核細胞」となる古細菌の中に、何かの弾みで酸素呼吸を行う好気性の真正細菌が侵入し、それがそのまま居着いて、仲良く「共生」するようになったものがミトコンドリアの起源であると考えられている。この共生した細胞に、さらに光合成を行う原核生物

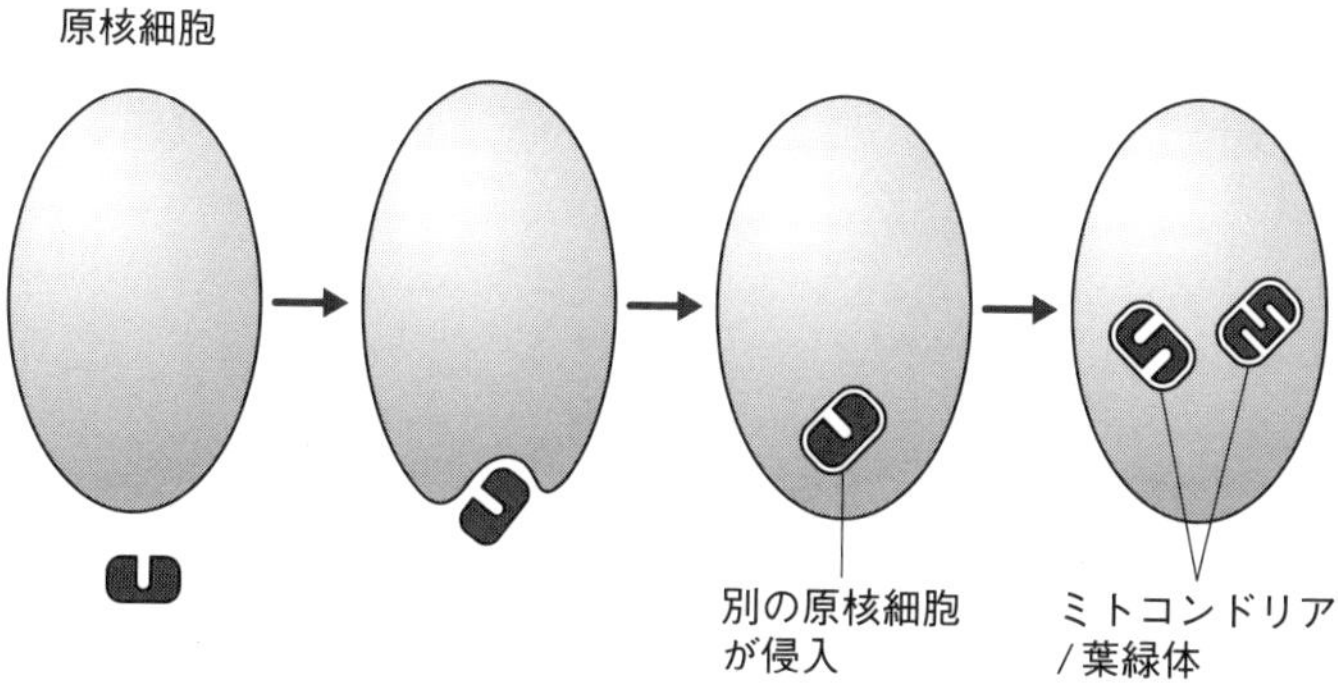

図6·2 「細胞内共生」によって獲得されたミトコンドリアと葉緑体

であるシアノバクテリアが侵入して共生したものが葉緑体となり、植物細胞が誕生したと考えられている（植物細胞はミトコンドリアと葉緑体の両方をもっている）（図6・2）。

何を根拠にして、このようなことが言えるのか？　なぜそうだとわかったのか？　実はこれらの「説」については、かなり信憑性のある「証拠」といえるものが現在の真核細胞の中に残されているのだ。

真核細胞の中ではたらくさまざまなタンパク質は、その設計図となるDNAを元に、リボソームとよばれる分子装置でつくられるのだけれど、そのほとんどのDNAは、細胞小器官の一つである「細胞核」の中に格納されている。ところが、ミトコンドリアや葉緑体の中ではたらく一部のタンパク質をつくるためのDNAは、細胞核の中ではなく、ミトコンドリアや葉緑体自身の中に格納されているのである。しかも、そのタンパク質を作るための専用のリボソームも、ミトコンドリアや葉緑体の内部にしっかりと備わっている。

これらは、ミトコンドリアや葉緑体が、共生する前から元々もっていたもので、その名残として現在でも残っていると考えるのが自然だろう。

ミトコンドリアは、あらゆる真核細胞に見つかっているものなので、始原真核細胞（古細菌）が最初に侵入を許したものである可能性が高い。これに対して、植物細胞は、ミトコンドリアに加えて葉緑体ももっていることから、葉緑体の祖先（シアノバクテリア）は、ミトコンドリアの祖先（好気性の真正細菌）よりも後の時代に侵入してきたものと考えて良さそうだ。

ということは、植物の祖先となる細胞は、好気性細菌（のちのミトコンドリア）の侵入に引き続き、シアノバクテリア（のちの葉緑体）の侵入も許したことになり、細胞内共生という「ハプニング」が、それほど稀な現象ではなかったことを示しているのだろう。つまり、最初の好気性細菌の古細菌への侵入は、とてつもない偶然によってもたらされ、その偶然によって真核細胞が誕生した……というわけではなさそうなのである。

このような「共生未遂」はたびたび起こり、さらなる三つ目の生物の共生を許した細胞もあったのかもしれないが、それほど有利な形質が得られなかったため、現在まで生き残ることはなかった、というふうにも考えられる。

このような、古細菌へのたび重なる別個体の侵入が可能だったのはなぜだろうか？　侵入を許した物理的な要因は、ここまでの脂質二重層がもつ性質の話から簡単に推測できるだろう。……そう、細胞膜をつくっている脂質二重層は、先に述べたように柔らかく、簡単にかたちを変えられ、また簡単にちぎれる、という性質があったからだ。もし、細胞をつくる膜の骨格が脂質二重層ではなく、もっと分子と分子ががっちりと結合したような強固なタイプのもので、古細菌の細胞膜が外からの異物の侵入に対して鉄壁の守りを固めていたとしたら……地球上の原核細胞はミトコンドリアを獲得することはなかったであろうし、また、葉緑体を獲得した植物の出現もなかったであろう。

そう、ここでも脂質二重層がもつ特徴的な性質が、生物の進化に大きく関わっているのである。

4　細胞小器官の獲得　その2：くびれてちぎれて

もう一つの起源は、ミトコンドリアや葉緑体以外の細胞小器官——細胞核、小胞体、ゴルジ体、エンドソーム、リソソーム（植物では液胞に相当する）などについてである。これらの細胞小器

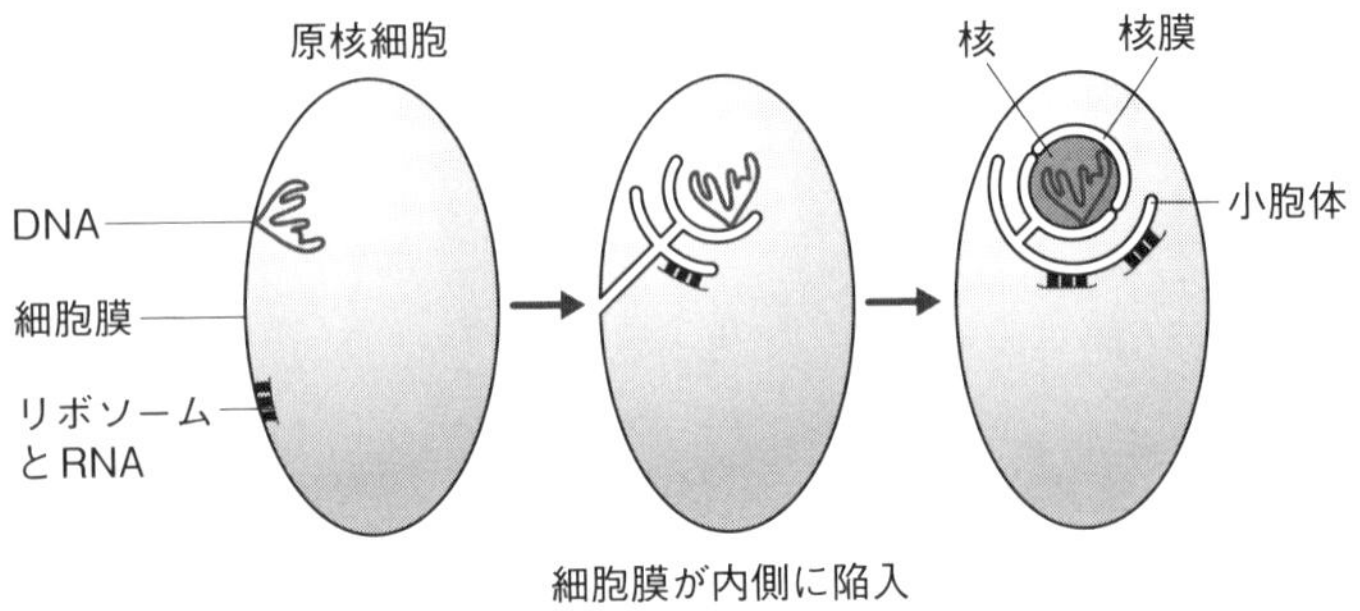

図6·3 「膜分化」によって獲得された細胞小器官

官は、ミトコンドリアや葉緑体とは別の起源をもつとされている。

実は、これらの細胞小器官を獲得した起源については、ミトコンドリアや葉緑体の共生説ほど確固たる証拠があるわけではない。しかし、かなり有力な仮説として、「膜分化説」というものがある。これは、古細菌の細胞膜が、何かの弾みで細胞の内側に向けて「陥入」してしまうようなことが起こり、その膜構造が細胞の内側でちぎれたものが細胞小器官となった、という仮説である（図6・3）。まず、細胞膜がそんなに都合良く内側に陥入することがあるのだろうか？　なぜそのような状況が生じたのだろうか？　これについては、それを示唆するような現存する実例が存在するのである。

先に述べたように、光合成を行うためには、必ず生体膜が必要となる。そのため、シアノバクテリアや、光合成を行う光合成細菌といった原核生物は、光合成を行うためのしくみをすべて細胞膜に備えている。ということは、この細胞膜の面積が広ければ広いほど光合成をたくさん行うことができる、ということになる。

そこで、光合成を行う原核生物としては、できるだけ細胞膜の面積を広げたい。ところが、ここで表面積と体積の比の問題が出てくる。細胞を単なる立方体として考えると、細胞の表面積を広げるほど、体積の割合はそれ以上に大きくなってしまうのだ。たとえば、細胞の一辺を2倍に伸ばすと、細胞の体積は2×2×2で8倍となり、3倍に広げると体積は3×3×3で27倍になってしまう。つまり、細胞膜を広げれば広げるほど光合成の能力はあがるのだけれど、細胞の体積はそれ以上に大きくなってしまい、その大きくなってしまった細胞をまかなうだけのエネルギーが足りなくなってしまうのである。

そこで、シアノバクテリアや光合成細菌は、細胞の体積が増えてしまうような細胞膜の広げかたをしなかった。すなわち、細胞膜を細胞の内側に陥入させることによって膜の表面積を広げたのである。このようにすれば、細胞の体積はほぼそのままで、細胞膜の表面積をふやすことができる（図6・4）。

真核細胞の直接の祖先である古細菌は光合成を行わないため、細胞膜の表面積を大きくする必要はなかった。しかし、少なくともこういった原核細胞が細胞膜を陥入させたという実例が複数あることによって、細胞は自身の細胞膜を内側に陥入させることができ得る、という一つの証拠

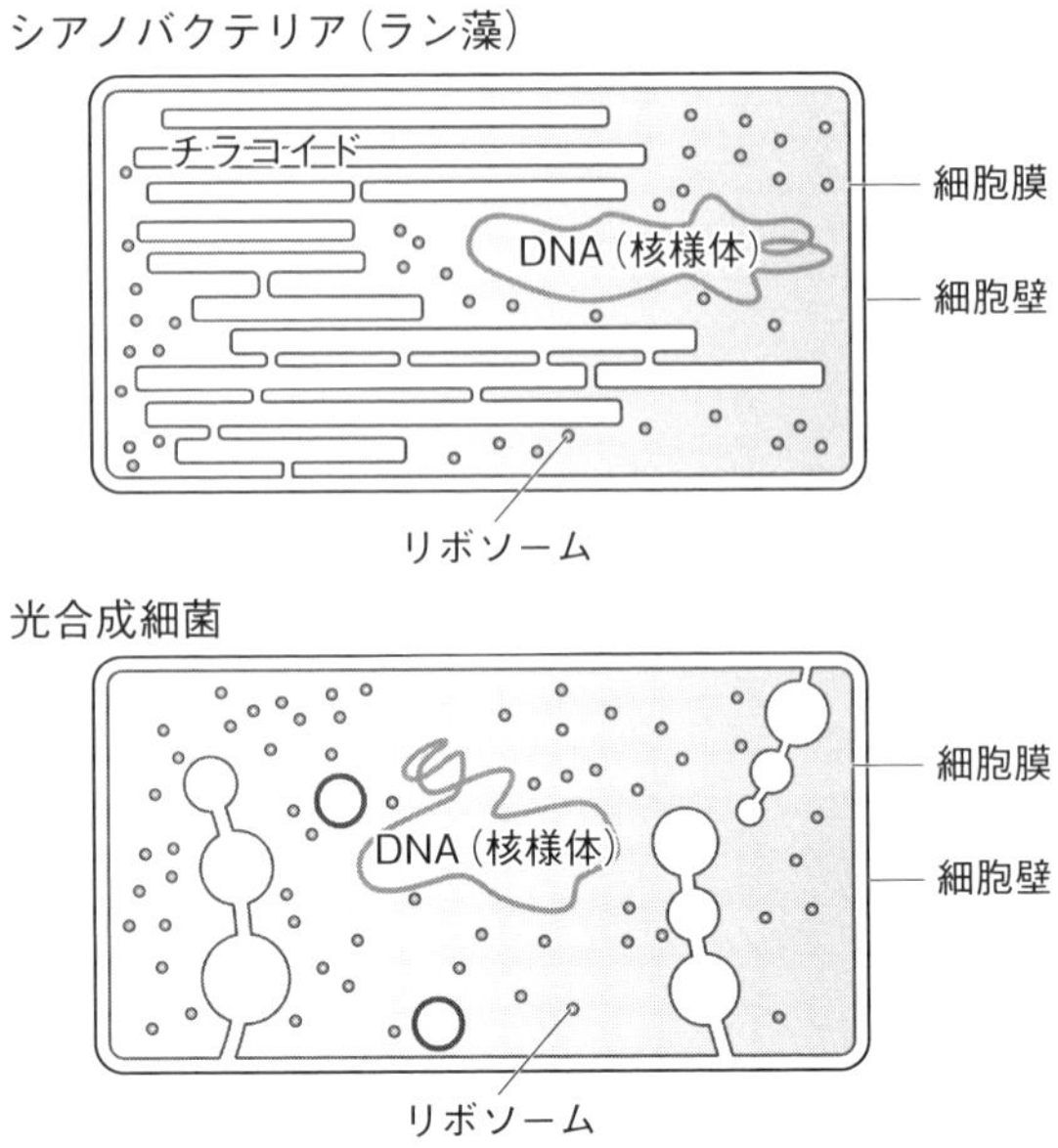

図6·4　細胞膜を陥入した光合成細菌とシアノバクテリア

にはなる。

もう一つ、別の角度からの証拠もある。原核生物の細胞膜には、細胞の中から外に向けてタンパク質を放出（分泌という）するための、「タンパク質膜透過装置」とよばれる、いわばタンパク質専用の通り道となる「孔」が備わっている。この孔は、脂質二重層に埋まった膜タンパク質によってつくられていて、細胞の外に分泌されるタンパク質はこの孔を通って細胞の外に放出されるのである。また、原核生物の細胞膜にはたくさんの膜タンパク質が埋まっているのだが、この細胞膜に埋まっている膜タンパク質についても、その一部はこのタンパク質膜透過装置を経由して細胞膜に埋め込まれる（図6・5）。

このタンパク質膜透過装置を経由するタンパク質には、その末端に「シグナル配列」とよばれる、特殊なアミノ酸配列（アミノ酸が30個程度）が付加された状態でリボソームから合成されてくる（これを前駆体タンパク質という）。リボソームから出て来たタンパク質の、このシグナル配列部分が細胞膜に埋まったタンパク質膜透過装置によって認識されるのである。ちなみに、このシグナル配列部分は、膜を透過した後は不要となるため切断されてしまう。

このように、細胞内で新たに合成されたタンパク質の行き先（この場合は細胞外や細胞膜）が、タンパク質自身にアミノ酸配列として書き込まれている、という「シグナル仮説」（現在ではもう「仮説」ではないのだが）を提唱したロックフェラー大学（当時）のギュ

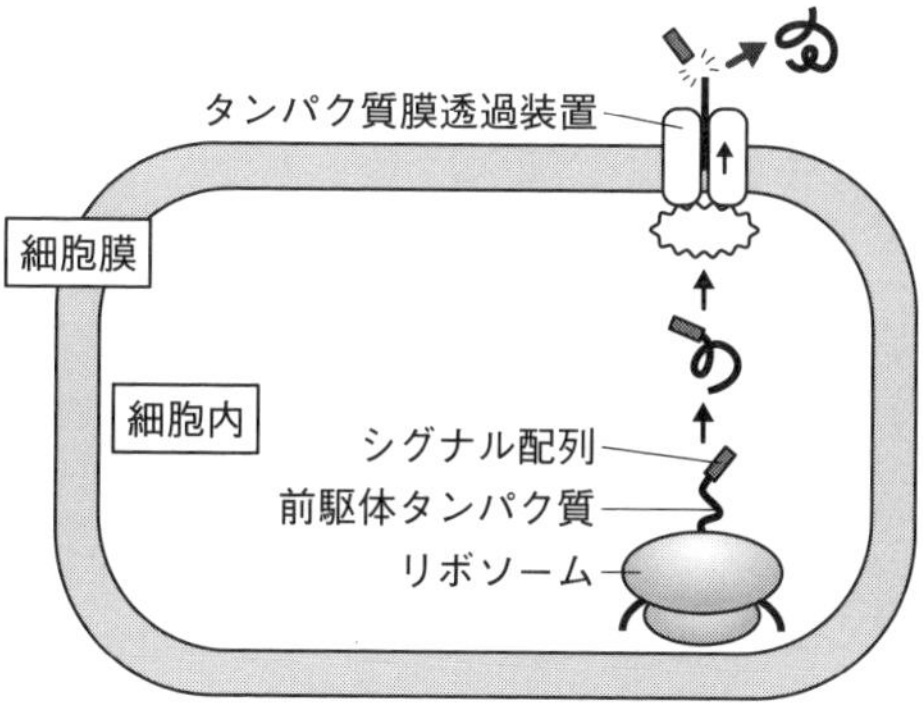

図6·5　原核生物のタンパク質膜透過装置によるタンパク質の脂質二重層の透過

ンター・ブローベル（Günter Blobel）に、１９９９年にノーベル生理学・医学賞が贈られている。

細胞外に分泌されるタンパク質の場合は、そのタンパク質を外に押し出す役割をするタンパク質があり、そのタンパク質はエネルギーとしてＡＴＰを使う。それとは別に、タンパク質膜透過装置の方は、先に述べた「べん毛モーター」と同様に、細胞膜を隔てたイオンの濃度差（電気化学ポテンシャル）からも直接エネルギーを取り出して、タンパク質を押し出すのに使っている（ただしエネルギーをどのように使っているのかについてはまだ解明されていない）。タンパク質膜透過装置は、ＡＴＰと電気化学ポテンシャルの合わせ技のエネルギーを使って、タンパク質を押し出したり、膜に埋め込んだりしているようなのである。

タンパク質というのは、簡単にいうとアミノ酸がいくつもつながった「ヒモ」が、コンパクトに折りたたまれたものなので、イオンなどとは比べものにならないほどの大きさである。このような大きな分子を通過させるためのタンパク質膜透過装置というのは、脂質二重層に相当大きな孔をあけているのかというと、そういうわけではない。

実は、タンパク質膜透過装置を透過するタンパク質は、折りたたまれたアミノ酸のヒモが「ほどかれた状態」で孔を通り抜けていくのである。ちょうど、縫い糸が布地に通されていく感じだ。これはつまり、膜を通り抜けるときに、いったん、そのタンパク質の構造が壊されて、引き伸ばされるということになる（図6・5）。

そうすると膜を透過したあと、そのタンパク質をふたたび正しい構造に戻さなければならないことになるのだけれど、その代わり、このようにすればタンパク質膜透過装置は、アミノ酸がつながったヒモの太さ分だけ――ほんのアミノ酸一分子程度の大きさの孔をあけていれば、タンパク質を通すことができることになる。細胞は、タンパク質のような大きな分子を膜透過させるために、タンパク質だけを透過させて、他の物質は一切通さない、というような精巧な開閉のしくみをもったタンパク質膜透過装置をつくったのではなく、膜透過させるタンパク質の方を変化させることにしたのである。

おそらく、タンパク質膜透過装置に、どんなに精巧な開閉のしくみをつくったとしても、タンパク質が通り抜けられるほどの大きな孔を細胞膜にあけてしまうと、イオンなどの小さな物質が細胞からダダ漏れになってしまうことが避けられなかったのではないだろうか。原核生物は、細胞膜を介したイオンの濃度勾配を使ってエネルギーの生産を行っているので、細胞から少しでもイオンが漏れてしまうようなことがあっては絶対に困るわけだ。

このタンパク質膜透過装置は、ほとんどの原核細胞に見られるものであるが、必ず細胞の内側から外側の方向にしかタンパク質を通さない、という特徴がある。ここで、先ほどの「膜分化説」

を、このタンパク質膜透過装置を備えた細胞膜にあてはめてみよう。

このタンパク質膜透過装置が埋まった細胞膜が細胞の内側に向けて陥入していき、そのままちぎれて細胞小器官になったとする。この場合、もともと細胞膜にあったタンパク質膜透過装置も、陥入と同時に内側に一緒に引きずり込まれて、細胞小器官の膜に一緒に移っていくことになる。このとき、細胞膜にいたときには内側から外側に向けてしかタンパク質を通さなかった孔は、細胞小器官の膜に移行すると、細胞小器官の内側に向けてタンパク質を取り込む孔となる。実は、細胞小器官の一つである「小胞体」の膜には、この小胞体の内部に向けてタンパク質を取り込むための孔——タンパク質膜透過装置が存在している。しかも、この小胞体の膜がもつタンパク質膜透過装置は、原核生物が細胞膜にもつタンパク質膜透過装置と、構造やしくみがそっくりなのである（図6・6）。

小胞体はこのタンパク質膜透過装置を使って、自身の内部に必要なタンパク質を細胞質から取り込んでいるのだが、もちろん取り込まれるタンパク質は、その末端に原核生物が使っているのとそっくりなシグナル配列をもっている。たとえば、原核生物で使われているシグナル配列と、真核生物で使われているシグナル配列とを、遺伝子工学の手法を使って入れ換えても、お互いに機能する場合があるほどだ。

これらの事実から、真核細胞の小胞体にあるタンパク質膜透過装置は、もともと原核細胞の細

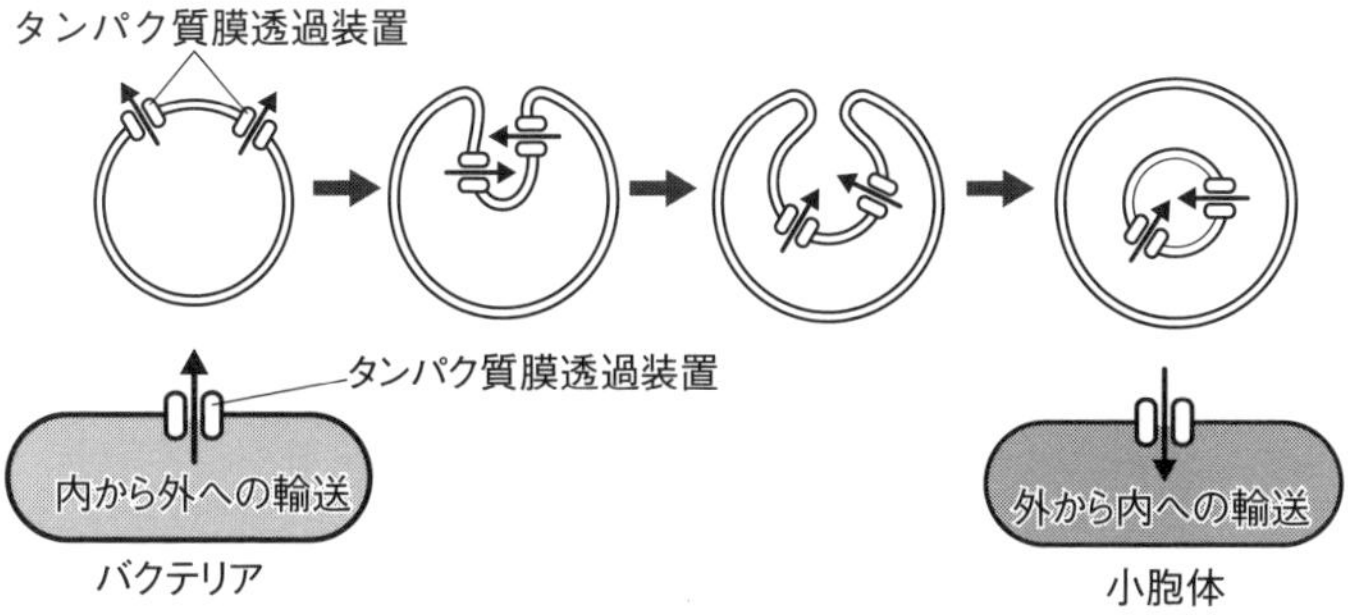

図6·6　細胞膜とともに膜陥入したタンパク質膜透過装置

胞膜にあったタンパク質膜透過装置を祖先としている、と考えて良さそうだ。そうすると、少なくとも小胞体や、小胞体と構造上つながっている細胞核は、もともとは古細菌の細胞膜が内側に陥入して、それが細胞の内側で「ちぎれた」ことを起源とする細胞小器官である、という仮説は、かなり現実味を帯びてくる。

さらに別の細胞小器官にも、それがかつては細胞膜だったことを示す痕跡が残っている。

先に「原核細胞はATPの合成にF_0F_1ATP合成酵素を使っている」と書いたのだが、実はこれは厳密には正確ではない。というのも、確かに真正細菌はF_0F_1ATP合成酵素を使っているのだけれど、同じ原核細胞でも、古細菌の方はこれとはほんの少しだけ構造が違う、A_0A_1型とよばれるA_0A_1ATP合成酵素というタイプのものを使っているのである（図6・7）。ただし、A_0A_1型もイオンの濃度差から、そ

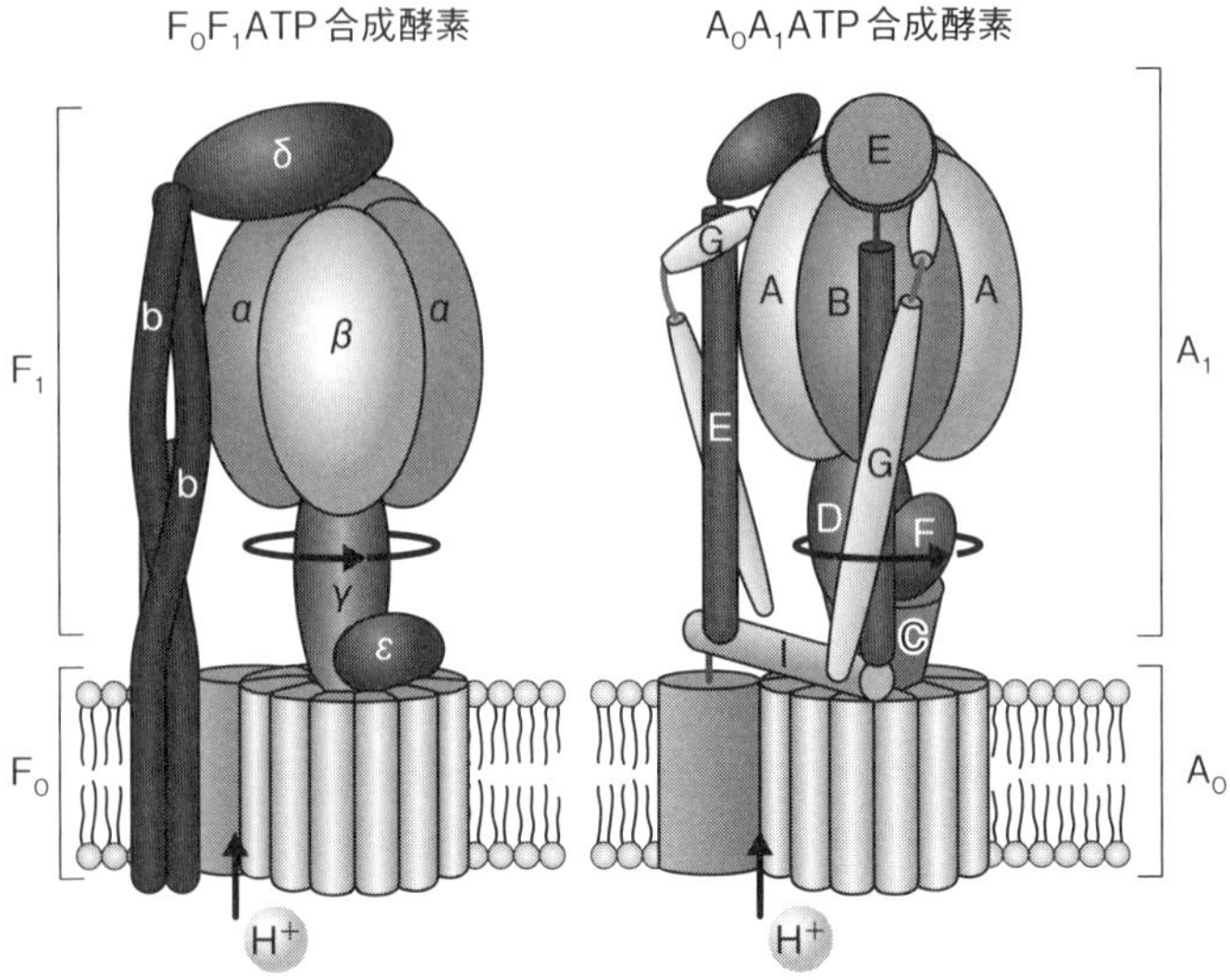

図6·7　真正細菌のF_0F_1ATP合成酵素と、古細菌のA_0A_1ATP合成酵素
Stewart, A. G. *et al.* (2013) BioArchitecture, **3**, 2-12より改変。

れを回転運動に変えてATPを合成しているという基本的なしくみについては、F_0F_1ATP合成酵素とまったく同じだ。

古細菌の細胞膜が細胞の内側に陥入したときに、同じく細胞膜にあったこのA_0A_1ATP合成酵素はどうなったのだろうか？　小胞体の膜にはA_0A_1ATP合成酵素に類似したものはない。しかし、真核細胞がもつ細胞小器官の一つであるリソソーム／液胞には、このA_0A_1ATP合成酵素とたいへん良く似た構造をした、V_0V_1ATP加水分解酵素というものが備わっている。古細菌がもつA_0A_1ATP合成酵素は、F_0F_1ATP合成酵素と同じように、イオンを細胞の外側から内側に向けて移動させることによってATPを合成している。このA_0A_1ATP合成酵素が埋まった細胞膜が、小胞体がつくられたときと同じように、そのまま細胞の内側に陥入して細胞小器官――リソソーム／液胞がつくられたとする。この場合、リソソーム／液胞に移ったA_0A_1ATP合成酵素には、イオンがリソソーム／液胞の内側から外側に向けて流れることになる。ところが、V_0V_1ATP加水分解酵素では、リソソーム／液胞の外側から内側に向けてイオンが流れている。イオンが流れる方向が保存されていないじゃないか、ということになってしまう。しかし、慌てないでほしい。リソソーム／液胞がもっているのは、V_0V_1ATP加水分解酵素だ。そう、「ATP合成酵素」ではなく、その逆反応を行う「ATP加水分解酵素」なのである。つまり、V_0V_1ATP加水分解酵素は、ATPを加水分解するエネ

表6·1　主なATP合成（加水分解）酵素の存在場所と働き

ATP合成（加水分解）酵素	存在場所	働き
F_0F_1型	真正細菌の細胞膜*，真核生物のミトコンドリア内膜や葉緑体のチラコイド膜	ATPの合成
A_0A_1型	古細菌の細胞膜	ATPの合成
V_0V_1型	真核生物のリソソーム／液胞の生体膜	イオン輸送

＊わずかながら真正細菌（好熱菌）にも細胞膜にV_0V_1型のATP合成酵素をもつものが見つかっている。

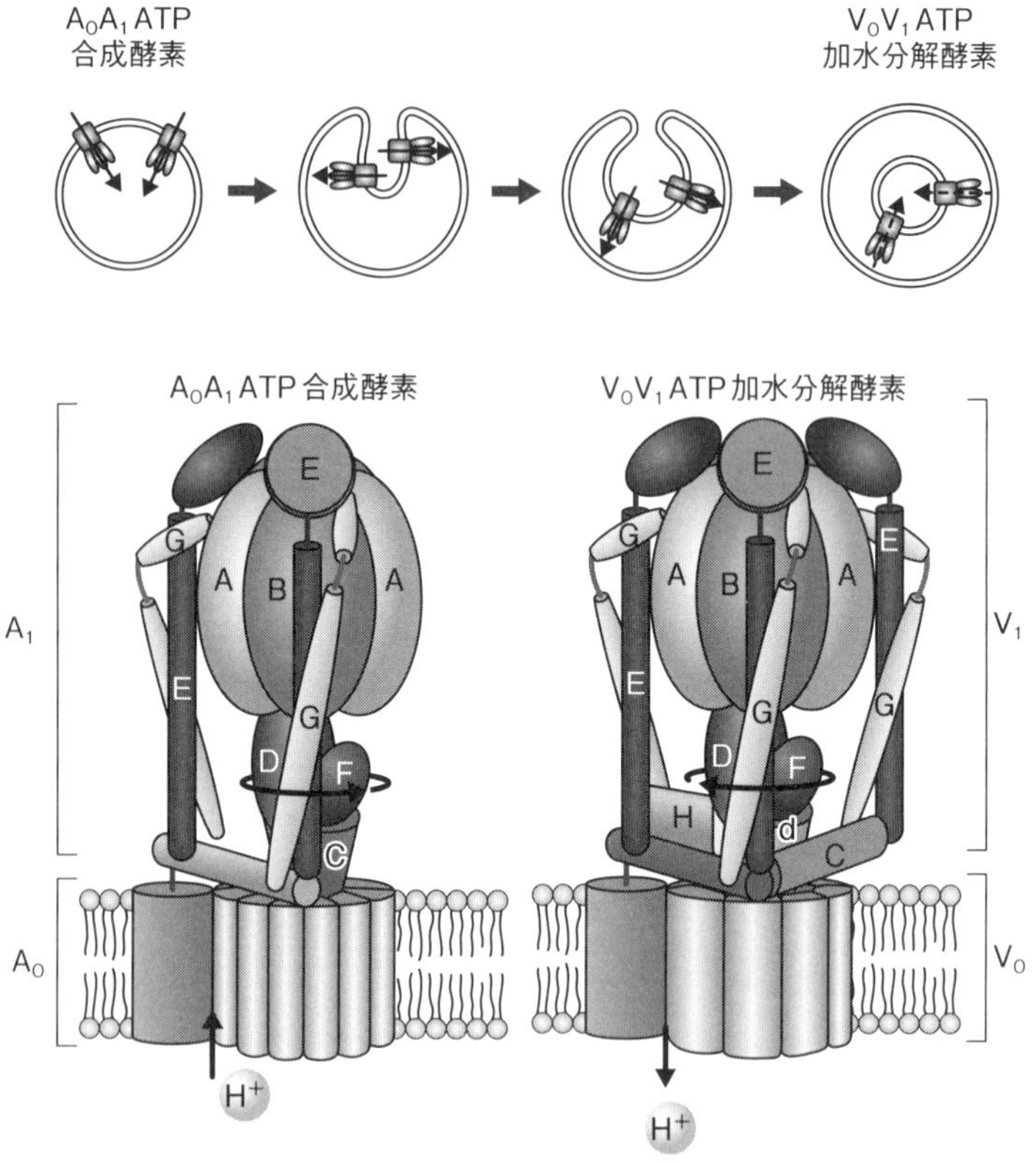

図 6·8　細胞膜とともに膜陥入した A_OA_1ATP 合成酵素とそれが転じた V_OV_1ATP 加水分解酵素

V_OV_1ATP 加水分解酵素では矢印が逆になっていることに注意。
Stewart, A. G. *et al.* (2013) BioArchitecture, **3**, 2-12 より改変。

ルギーを使ってリソソーム／液胞内にイオンを送り込む、という、ATP合成酵素とはまるっきり逆の反応を行っているのである。A_0A_1ATP合成酵素はリソソーム／液胞に移り、どういうわけか逆反応を行うようになったということである（図6・8）。

リソソーム／液胞の内部は、ここに含まれる分解酵素が酸性領域に至適pHをもつため、常に酸性に保たれているのだが、それはこのV_0V_1ATP加水分解酵素のはたらきによって、リソソーム／液胞の内部に、常に水素イオンが送り込まれているからである。

このようなことから、真核細胞がもっているリソソーム／液胞という細胞小器官についても、古細菌の細胞膜が陥入することによって獲得した細胞小器官である、といって良さそうだ。

このように、細胞膜の陥入と、陥入した膜構造が細胞膜から脱離することができた背景には、脂質二重層がもつ、柔らかく、簡単にかたちを変えられ、また簡単にちぎれるという性質がある。細胞膜をつくる膜が、このような性質とは異なるタイプの膜だった場合……言うまでもなく、原核細胞は細胞核や小胞体、リソソーム／液胞といった細胞小器官を獲得することはなかっただろう。

ここまでに出て来たミトコンドリアや葉緑体、そして、細胞核や小胞体、リソソーム／液胞の他にも、真核細胞にはいくつかの細胞小器官がある。ゴルジ体、エンドソームといった細胞小器官である。これらの細胞小器官も、細胞膜の陥入によって獲得したものだろうか？

　実は、これらの細胞小器官は、小胞体がもっているようなタンパク質膜透過装置をもっていない。また、A_0A_1ＡＴＰ合成酵素に類似するタンパク質ももっていない。ゴルジ体やエンドソームには、原核細胞時代の細胞膜の痕跡がなにも見られないのである。それでは、別の第三の起源を考えなければならないのだろうか？　実は、これらの細胞小器官も、もともとは「膜分化説」の細胞膜の陥入に由来するものであると考えるのが妥当な事実がある。それを説明するためには、まず「小胞輸送」とよばれる、真核細胞だけがもつ細胞内の物流システムについて説明する必要があるだろう。このシステムも、膜分化による細胞小器官の獲得と、ほぼ同時に獲得されたものであろうと考えられている。

　筆者の現在の専門は、この小胞輸送とよばれる生命現象なのだが、あまりに自分の専門に近い内容だと、実は大まかに説明するのが難しい。詳しく知っているほど、「これは○○です」と単純に言ってしまうことができなくなるからなのだけれど、次の章で、この現象についてできるだけ「大まかに」紹介していくことにする。

7章　物流システムの獲得：革命の立役者

1 小胞輸送の構築：画期的な輸送システムの登場

有史以来の人類の歴史の中の大転換の一つとして、18世紀後半から始まったイギリスでの産業革命が挙げられるだろう。その原動力の一つとなったのは、蒸気機関が発明されたことであり、工業生産の場においてさまざまなものが機械化されたことによって社会の構造に革命が起こった……と思っている人が多いのではないだろうか。しかし、実は「機械化されて効率がよくなった」だけでは、当時の社会に革命と言えるほどの大きな変化は起こらなかったそうである。製品の原材料となるものを運んできたり、出来上がった製品を運んでいくための物流網がなければ、製品を生産する能力だけが上がってもしょうがないからである。

社会の構造を本当に変えたのは、蒸気機関の発明ではなく、それを使った蒸気機関車による鉄道網がイギリス国内に整備されたことによる影響の方がはるかに大きかったとされている。この鉄道というインフラができたことによって、モノだけでなく、人や情報も大きく動くことになったからだ。

何の話をしているのかというと、実はこれは生命の進化の歴史にもあてはまるようなのである。地球上に最初に現れた生命は、遺伝物質が細胞膜のようなもので包まれた現在の原核細胞の形態に近いものだったと考えられているが、それから20億年ほどかけて、おそらく前述のようにして細胞小器官というものを獲得した真核細胞が出現した。しかし、このときに獲得したのは、実は細胞小器官だけではない。真核細胞は、それらの細胞小器官を結ぶ物流システムも同時に獲得していたのである。生命の進化においても、物流システムの獲得が大きな転換点――革命であったわけである。その物流システムが、「小胞輸送」とよばれる、真核細胞だけがもつ物質輸送のネットワークだ。

真核細胞がもつ種々の細胞小器官は、それぞれの役割を果たすために、酵素をはじめとするさまざまなタンパク質を必要とする。たとえば、ミトコンドリアだけでも、その中にはおよそ800～1500種類（生物種によって違う）のタンパク質がはたらいている。もともとは別の生物であったミトコンドリアや葉緑体については、これらの中ではたらくタンパク質の一部は、自身が格納しているDNAから、自身がもつリボソームを使って合成しているということだった。とは言っても、それらは本当に「一部」だけであって、数にすると実はほんの10種類ほどしかない。それらの10種類のタンパク質の機能はバラバラで、なぜそれらのタンパク質が選ばれて自前で合成されているのかについてはよくわかっていない。

いずれにしても、ミトコンドリアではたらくタンパク質をコードするDNAのほとんどは、共生した後に細胞核に渡してしまっていて、それをもとに、必要なタンパク質は細胞質のリボソームで合成されてミトコンドリアへと運ばれてくるのである。運ばれてきたタンパク質は、ミトコンドリアや葉緑体の膜がもつタンパク質膜透過装置を経て内部に供給される（このタンパク質膜透過装置は小胞体のタンパク質膜透過装置とは異なる由来で、ミトコンドリアや葉緑体が独自に獲得したもののようである）。

これに対して、もともとは自身の細胞膜が陥入したものが由来となっている細胞核や小胞体の場合、これらの細胞小器官が必要とするタンパク質をつくるためのＤＮＡは、すべて細胞核に格納されている。しかも、細胞核や小胞体の内部にはタンパク質をつくるためのリボソームはないため、これらの細胞小器官で使われるタンパク質は、すべて細胞小器官の外、すなわち、細胞質のリボソームで合成されて、小胞体の場合は先に述べたタンパク質膜透過装置を通って、細胞核の場合は「核膜孔」とよばれる核膜表面にある比較的大きなサイズの孔を通って、内部へと運び込まれるのである。

それでは、タンパク質を取り込むための孔をもたない、ゴルジ体、エンドソーム、そして、細胞膜の陥入を由来とするものの、タンパク質膜透過装置を取り込まなかったリソソーム（液胞）などの細胞小器官は、どのようにして必要なタンパク質を取り込んでいるのだろうか？

ゴルジ体、エンドソーム、リソソームではたらくタンパク質をコードしたDNAもすべて細胞核に格納されていて、それらをもとに細胞質のリボソームでタンパク質がつくられる。しかし、合成されたそれらのタンパク質は、直接ゴルジ体、エンドソーム、リソソームに向かうのではない。それらのタンパク質の末端には、先に述べた「シグナル配列」が付加されていて、これが小胞体のタンパク質膜透過装置によって認識されて、すべていったん小胞体の内部、あるいは膜タンパク質の場合は小胞体の膜へと取り込まれるのである。

小胞体の内部、あるいは小胞体の膜に取り込まれたタンパク質には、シグナル配列とはまた別に、それぞれ「ゴルジ体行き」「エンドソーム行き」「リソソーム行き」ということを示す「輸送シグナル」とよばれる特定のアミノ酸配列が含まれていて、今度はそのアミノ酸配列を目印に、小胞体を出発点としてそれぞれ、ゴルジ体、エンドソーム、リソソームへと運ばれていく（図7・1）。

このように、個々のタンパク質の行き先（この場合はそれぞれの細胞小器官）が、そのタンパク質自身にアミノ酸配列として書き込まれている、というギュンター・ブローベルが提唱したシグナル仮説（ということで、これはもう決定的に「仮説」ではないのだが）は、原核細胞だけでなく、真核細胞においてもあてはまることだったのである。

ここで注目すべきことは、原核細胞の立場から見ると、その画期的なタンパク質の運ばれかたである。脂質二重層で囲まれた小胞体の中に取り込まれたタンパク質は、いったいどのようにしてそこから運び出されるのだろうか？　もちろんタンパク質は脂質二重層をすり抜けることはできないし、タンパク質膜透過装置を逆走して出てくるわけではない。ここで採用されたのが、運び出すタンパク質を小さな膜小胞にくるんで取り出す、という方法である。この運び屋となる小さな膜小胞のことを「輸送小胞」という（図7・1）。

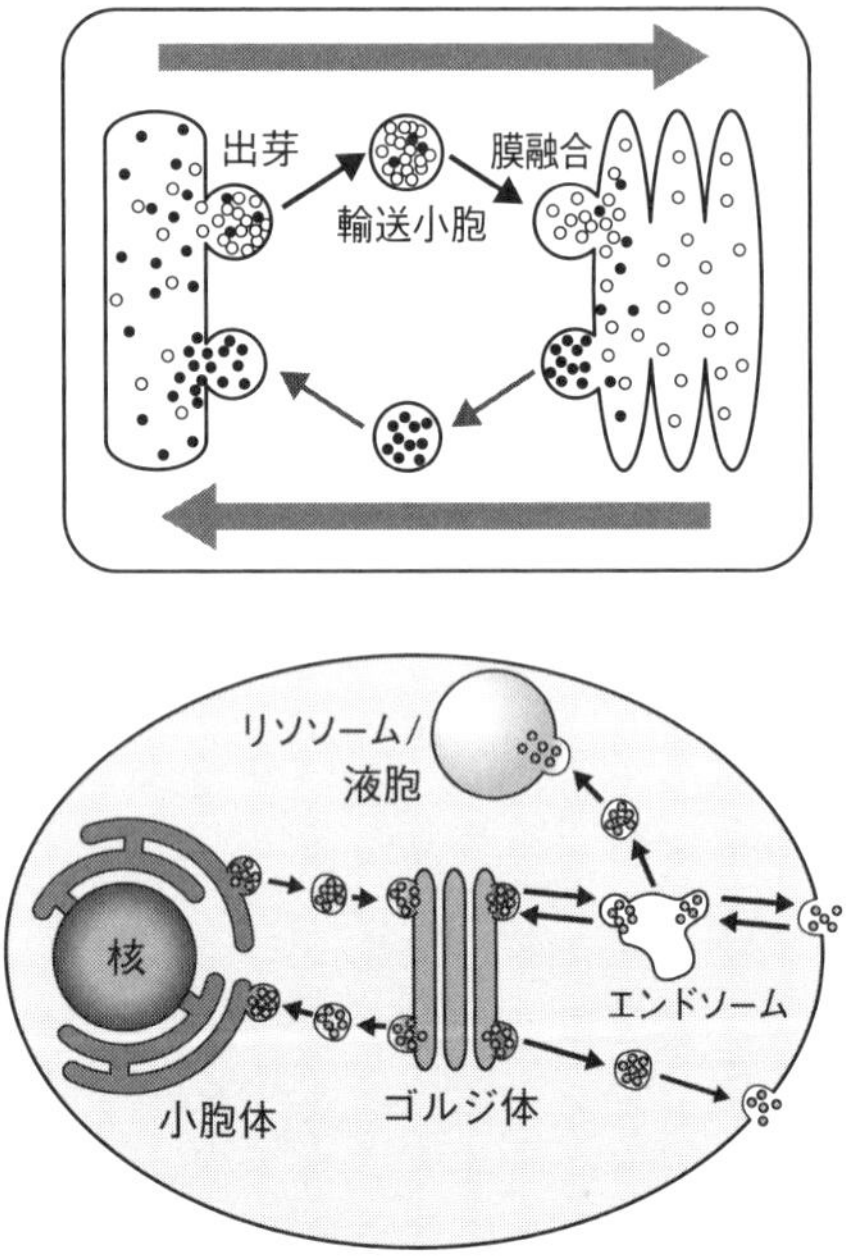

図7･1　真核細胞内で行われる小胞輸送

この輸送小胞がつくられる過程をごく簡略化して説明すると、まず小胞体の表面に、「コートタンパク質」という、文字通り小胞体膜の表面をコート（被覆）するタンパク質の複合体が張り

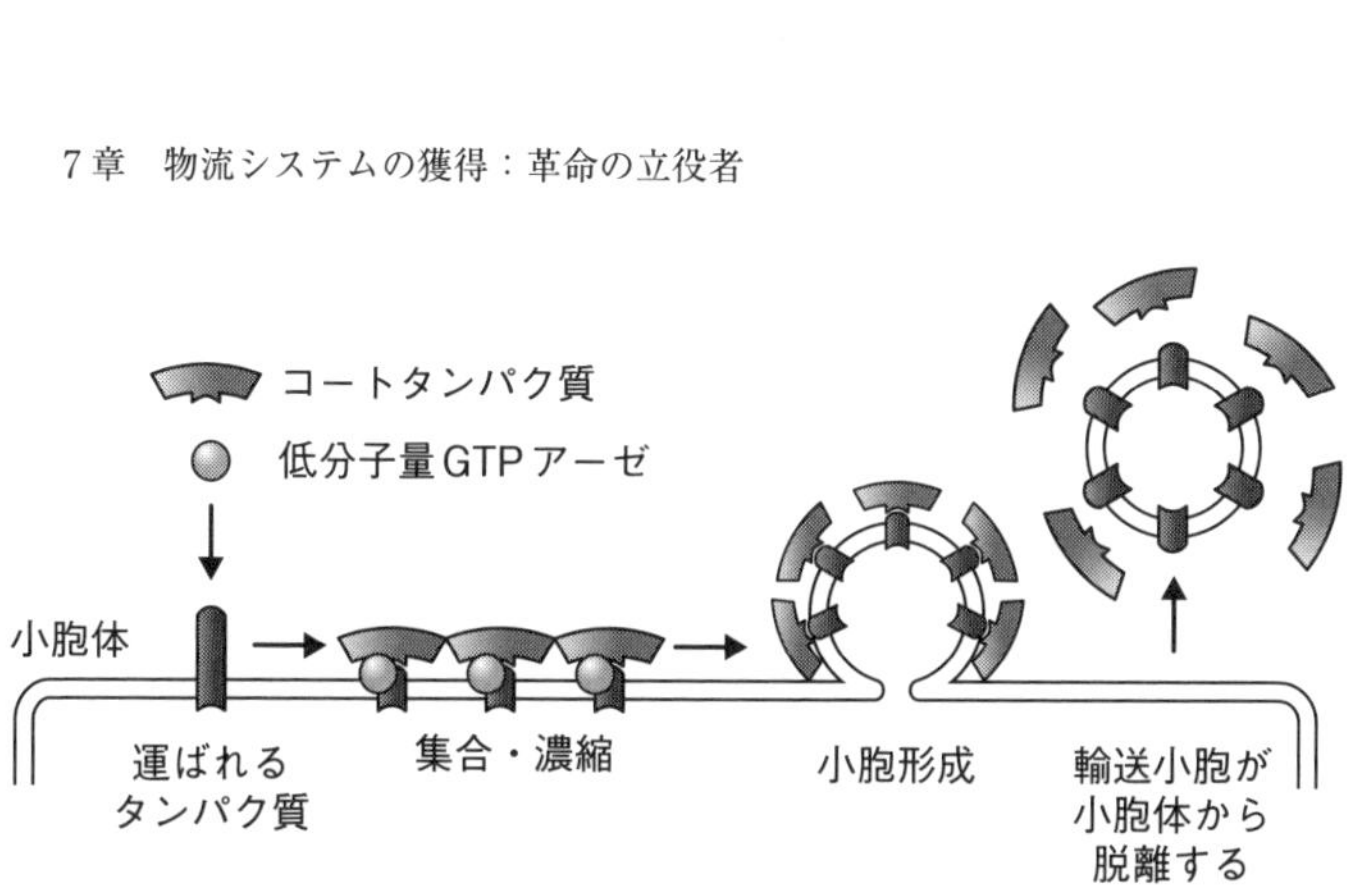

図7·2　コートタンパク質と低分子量GTPアーゼがつくる輸送小胞

付いてくる。このとき、コートタンパク質の集合を調節する役割をもった、低分子量GTPアーゼ（比較的分子量が小さく、GTPをエネルギー源としてはたらくタンパク質の総称）とよばれるタンパク質によって、コートタンパク質はきちんと調節を受けながら集合する（図7・2）。

コートタンパク質が小胞体の膜表面に張り付くとき、運ばれるタンパク質が膜タンパク質の場合は、その膜タンパク質はコートタンパク質が結合するためのアミノ酸配列（これが「輸送シグナル」である）を膜の表面に露出しているため、その部分にコートタンパク質が結合する。あるいは、運び出すタンパク質が小胞体の内腔部分に浮遊している可溶性のタンパク質の場合は、その可溶性タンパク質を特異的に結合するような膜タンパク質の受容体があり、この受容体が運ぶタンパク質を捕まえる。そしてこの受容体が、やはりコートタンパク質と結合するためのアミノ酸配列（輸送シグナル）を膜の表面に露出しているため、そこにコートタンパク質が結合するのである。

さらに、このコートタンパク質は、運んで行くタンパク質の輸送シグナルにだけではなく、小胞体をつくる膜の脂質二重層の表面にべったりとくっつくことができる。このとき、コートタンパク質の分子全体が、輸送小胞がつくる球面とほぼ同じ曲率で湾曲したかたちをしているため、コートタンパク質が張りついた部分の膜は局所的に凸に湾曲することになる。そしてこのようなコートタンパク質が膜上の一か所に集まってくると、その領域の膜が自然と隆起し、球状に変形されつつ、運んでいくタンパク質がこの部分に集められる。つまり、コートタンパク質は、運び出すタンパク質を回収する役割と、輸送小胞をかたちづくる役割との両方を担ったタンパク質なのである。

最終的に、その球状に変形した根元の部分で脂質二重層がくびり切られて、運ばれるタンパク質を取り込んだ輸送小胞が小胞体から脱離する。これが、運んで行くタンパク質を詰め込んだ輸送小胞がつくられる大まかなしくみだ。この輸送小胞は目的地の細胞小器官まで到達すると、自身の膜をその細胞小器官の膜と融合させて、運んできた小胞の中身と膜成分を引き渡すのである。

しかし、この輸送小胞はそんなに都合良く自分の行き先、つまり膜融合する相手の場所まで辿り着けるのだろうか？　ここで、ＳＮＡＲＥ（スネア）とよばれる、膜に埋まった膜タンパク質

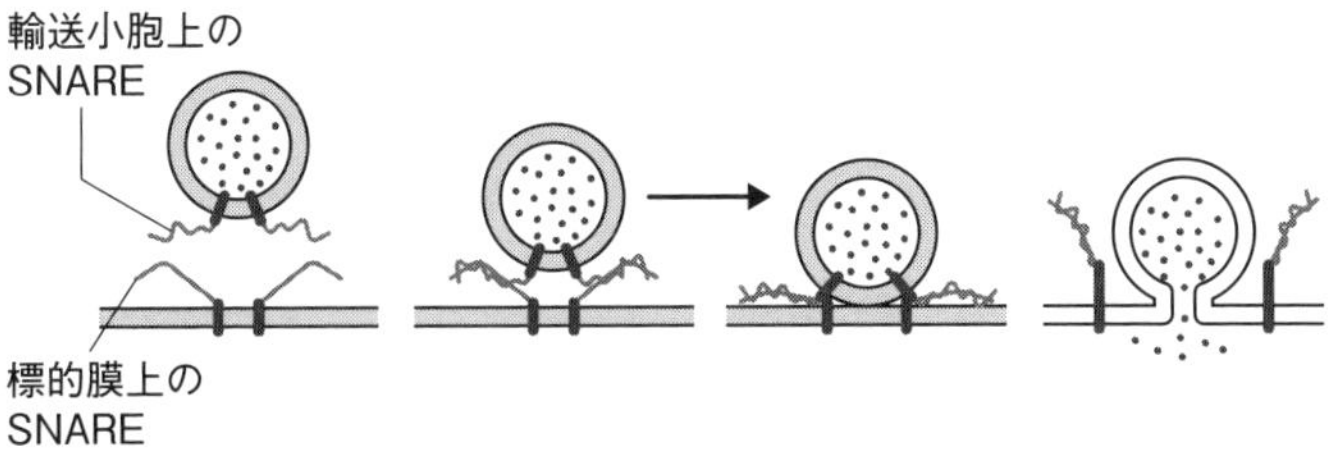

図7·3　「荷札」の役割をするSNAREタンパク質

が活躍する。このSNAREとはひとことで言うと、輸送小胞の「荷札」の役割をするタンパク質だ。

SNAREはヒモのような形状をした膜タンパク質で、このSNAREもコートタンパク質が結合するためのアミノ酸配列を膜の表面に露出しているため、運ばれて行くタンパク質と同じようにコートタンパク質が結合して輸送小胞に取り込まれる。そうすると、ちょうど輸送小胞から短いSNAREのヒモが生えているような感じになるのだが、このヒモは、同じようなものが行き先となる細胞小器官（つまり膜融合する相手）の表面にも生えていて、特定の組み合わせのヒモどうしだけがお互いに「絡みつく」性質をもっている。つまり、輸送小胞はこのSNAREのヒモを頼りに自身の行き先を見分けているのである（図7・3）。

このように、輸送小胞を介して細胞小器官の間で物質のやりとりを行う輸送システムが、「小胞輸送」とよばれるものである。

細胞内には小胞輸送によって結ばれた輸送ルートがいくつかあるの

だが、それらのルートごとに、それぞれ異なる種類のコートタンパク質と低分子量GTPアーゼが使い分けられている。コートタンパク質と低分子量GTPアーゼの種類が違っていても、輸送小胞がつくられるしくみや、運ぶタンパク質を取り込むしくみは、大まかには同じだ。さらに、輸送ルートごとに異なるセット（組み合わせ）のSNAREが用意されていることによって、輸送小胞は正しく自分の行き先となる細胞小器官を見つけることができるのである。

この小胞輸送を使った物質輸送は決められたルートを通る、いわば「巡回便」しかない。その巡回便のルートは、小胞体をスタート地点として、ゴルジ体と行き来するルート。ゴルジ体からは直接細胞膜に向かうルートと、エンドソームと行き来するルートがあり、さらにエンドソームからは、細胞膜とを行き来するルートと、さらにリソソーム（液胞）に向かうルートが用意されている。小胞輸送によって運ばれるタンパク質は、必ずこれらのルート上をたどる（図7・1）。

そのため、たとえば、最終的にリソソームに運ばれるタンパク質は、細胞質のリボソームで合成されて、まずは小胞体に取り込まれるのだが、この小胞体から途中の経由地であるゴルジ体やエンドソームをスキップして直接リソソームに運ばれて行く、というようなことはできないのである。

2　間違いをリカバーするしくみ

この小胞輸送による物質輸送では、「誤配」も起こる。本来、運ばれてはいけないタンパク質まで誤って輸送小胞に取り込まれてしまうことがあるのだ。

輸送小胞がつくられる細胞小器官の内腔側には、その細胞小器官の中ではたらいている数々のタンパク質が浮遊しているのだが、輸送小胞が細胞小器官からくびり切られるときに、そういった浮遊しているタンパク質が偶然輸送小胞に入ってしまうことがある。輸送小胞は、細胞小器官内の空間を無作為に切り取ってつくられるものなので、これは避けようがない。このようにして誤って取り込まれたタンパク質は、そのまま輸送小胞に乗せられて、仕方なく不本意な細胞小器官へと運ばれていってしまう。それでは誤配されてしまったタンパク質は、そのまま不本意な細胞小器官に留まり続けるのか、というと、そんなことはない。小胞輸送にはちゃんとその間違いを修正するためのシステムが用意されているのである。

たとえば、小胞体の内腔に浮遊してはたらいているタンパク質には、あらかじめ自身が「私は小胞体に居るべきタンパク質です」ということを示す、特殊なアミノ酸配列がタンパク質の末端に付加されている。これを「小胞体残留シグナル」といって「リシン――アスパラギン酸―

―グルタミン酸――ロイシン」という、アミノ酸がほんの四つほど並んだものだ（生物種によって多少配列が違う場合もある）。もし、この配列をもったタンパク質が、小胞体から送り出される輸送小胞に誤って取り込まれてしまうと、ゴルジ体へと運ばれていってしまうわけだが、ゴルジ体にはあらかじめこの「リシン――アスパラギン酸――グルタミン酸――ロイシン」という特殊なアミノ酸配列を認識して結合する受容体が待ち構えている。そして、その誤って運ばれてきたタンパク質を結合して、即座に逆方向の小胞輸送ルートに載せて小胞体へと送り返すのである（図7・4）。

この「リシン――アスパラギン酸――グルタミン酸――ロイシン」というアミノ酸配列を、本来、小胞体にはいないはずのタンパク質の末端に、遺伝子工学の手法を使って人工的に付加すると、そのタンパク質は小胞体に留まるようになる。

小胞輸送ではこのように、輸送小胞に運ぶものを間違えないように詰め込む、という部分に厳密なシステムをつくったのではなく、最初から「間違いは起こるものだ」と開き直って、その間違いを積極的にリカバーするためのシステムを備えることにしたのである。

生物のもつしくみを見渡してみると、すべてのシステムを精密につくり、全体として完璧な秩序を維持しているというよりは、むしろ、間違えること、エラーが起こることを前提として、それを修復するためのシステムとセットにしたデザインになっているように思えるものが多い。

いろいろなレベルのものがある。たとえば、DNAを合成するDNAポリメラーゼという酵素によって、新たなDNA鎖が合成されるとき、誤った配列が合成されてしまうことがある。とこ

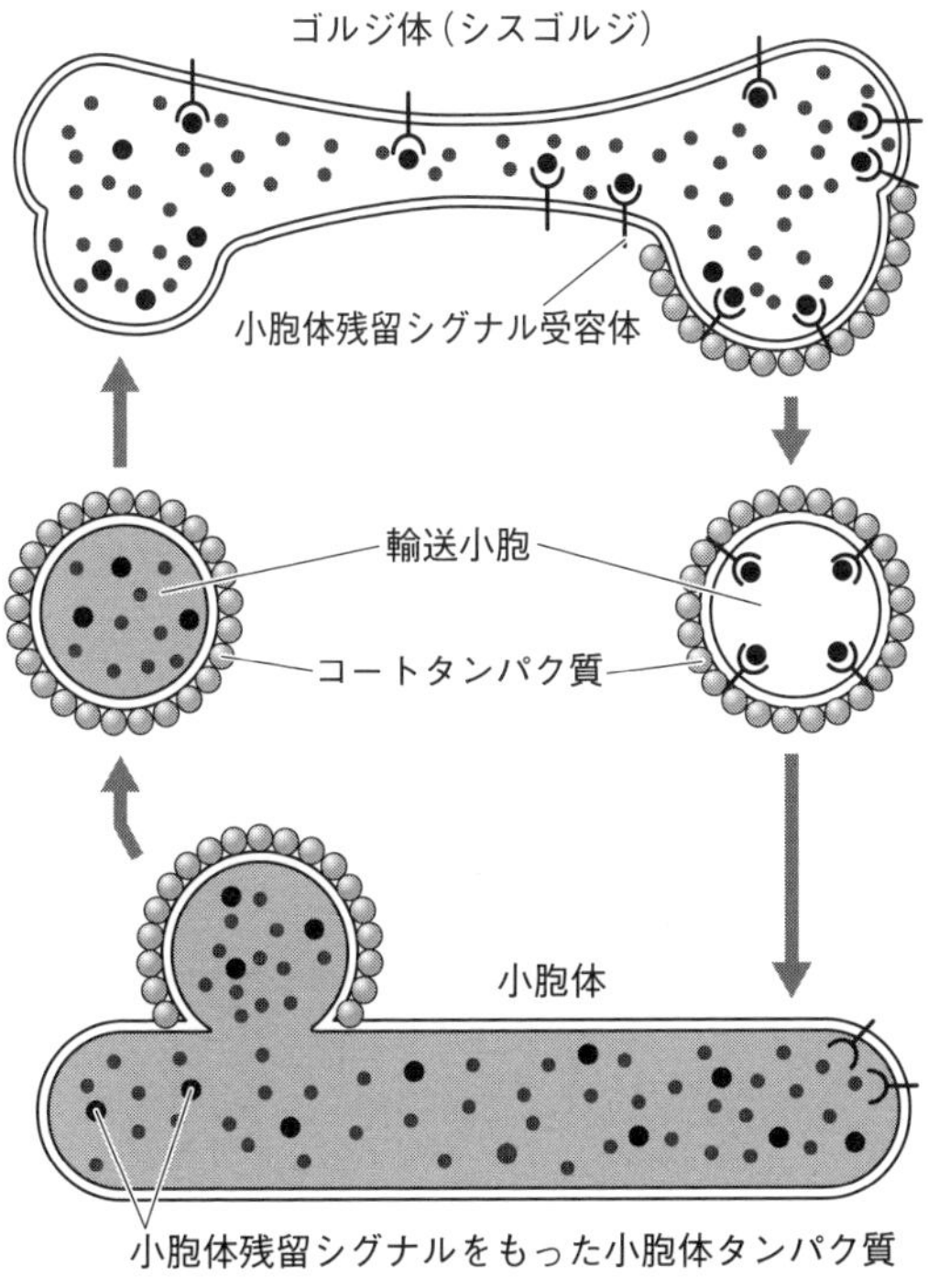

図7·4 「誤配」をリカバーするためのシステム

ろが、ＤＮＡポリメラーゼには、その誤った配列を見つけだして鎖から切り離し、正しい配列に合成しなおすという機能も同時に備わっている。ＤＮＡポリメラーゼは、新たなＤＮＡを合成するのと同時に、間違いを正す「校正」の作業も行っているのである。

タンパク質を合成する場合でも、合成に失敗してしまった異常タンパク質を見つけだして、その異常を修復する因子（分子シャペロン）が用意されているし、修復が不可能と判断されれば、潔く分解して除去するためのシステムがある。さらに、細胞にはいわば「自爆装置」ともよべるものが備わっていて、どうにも修復できないような重大な欠陥が生じてしまうと、これが作動してその欠陥が他に被害をおよぼさないように「自殺」してしまう（アポトーシスという）。単細胞生物の場合、重大な欠陥が子孫に受け継がれないように、また、多細胞生物の場合、欠陥をもった細胞が周囲の正常な細胞に悪い影響を与えないように、ということであろう。

少々方向性が違うかもしれないが、軍隊を完璧に配置した防御態勢を敷くより、わざと手薄な部分を作っておけば、敵はそこを狙って攻めてくるだろう、という予測を立てることができるので、それに対する対処をあらかじめ準備しておくことができる、というような感じだろうか。相手が人間ではなく、タンパク質分子の化学反応であれば、裏をかかれることはない。

エラーが起こらないことがまず大切であるけれど、万が一エラーが起こるときには、どこをどのように間違えるのか、ということが予測できるシステムにしておいて、それを迅速にリカバーするためのしくみを用意しておく、という戦略を生物はとっているようである。また、そのエラーによる被害が甚大な場合は、その部分を取り除いてしまうことで、全体へのダメージを和らげる効果もあるのだろう。したがって、エラーが決して起こらないような精密なシステムにすると、たしかに間違いは少なくなるものの、どこでエラーが起こるのかわからなくなってしまううえ、エラーの度合いも爆発的で一気に全体に及ぶような危険なものになる。

少し話が逸れてしまったが、ゴルジ体、エンドソーム、そしてリソソームは、必要とするほとんどすべてのタンパク質を、この小胞輸送のしくみで受け取っているのである。さらに、細胞膜ではたらく膜タンパク質も、最初に小胞体の膜に取り込まれて、そこから輸送小胞に渡され、ゴルジ体を経由するか、あるいはエンドソームを経由する小胞輸送ルートを通って運ばれていく。

原核細胞の細胞膜ではたらく膜タンパク質の一部は、先に述べたタンパク質膜透過装置を経由して供給されているのだけれど、真核細胞の細胞膜にはタンパク質膜透過装置や、これと同じはたらきをするものはない。古細菌の細胞膜が細胞の内側に陥入して小胞体が形成されたときに、どうやらタンパク質膜透過装置はすべて細胞の内側に取り込まれた小胞体に渡してしまったようなのである。同様に、真核細胞の細胞膜にはA_0A_1ATP合成酵素は残っておらず、すべてをリソソーム／液胞に渡してしまっている。

3　小胞輸送が拓《ひら》いた進化の道

真核細胞は、この小胞輸送という物質輸送のシステムを獲得したことによって、原核細胞と比べてはるかに高機能化されたものとなった。小胞輸送には、「タンパク質を運ぶ」という視点から見ると、原核細胞のもつタンパク質輸送システム――タンパク質膜透過装置――と比べて、いくつもの優れた点があるからだ。

まず、小胞輸送では一度に大量の物質を輸送することができる。原核細胞のもつタンパク質膜透過装置の場合、一つの孔をいちいち通していく方法なので、タンパク質を1分子ずつしか移動させることができないのだけれど（平均で数秒にタンパク質1分子を透過させているという試算がある）、小胞輸送の場合は輸送小胞に取り込んだ大量のタンパク質を一気に移動させることができる。細胞内や細胞間で物質や情報のやりとりをする際に、この輸送能力の差は大きなメリットとなる。

また、タンパク質膜透過装置では、運ぶタンパク質の構造をいったん壊して――ヒモ状に引き伸ばして――膜透過させた後でまた元の構造に戻す、という作業をしなければならないのだけれ

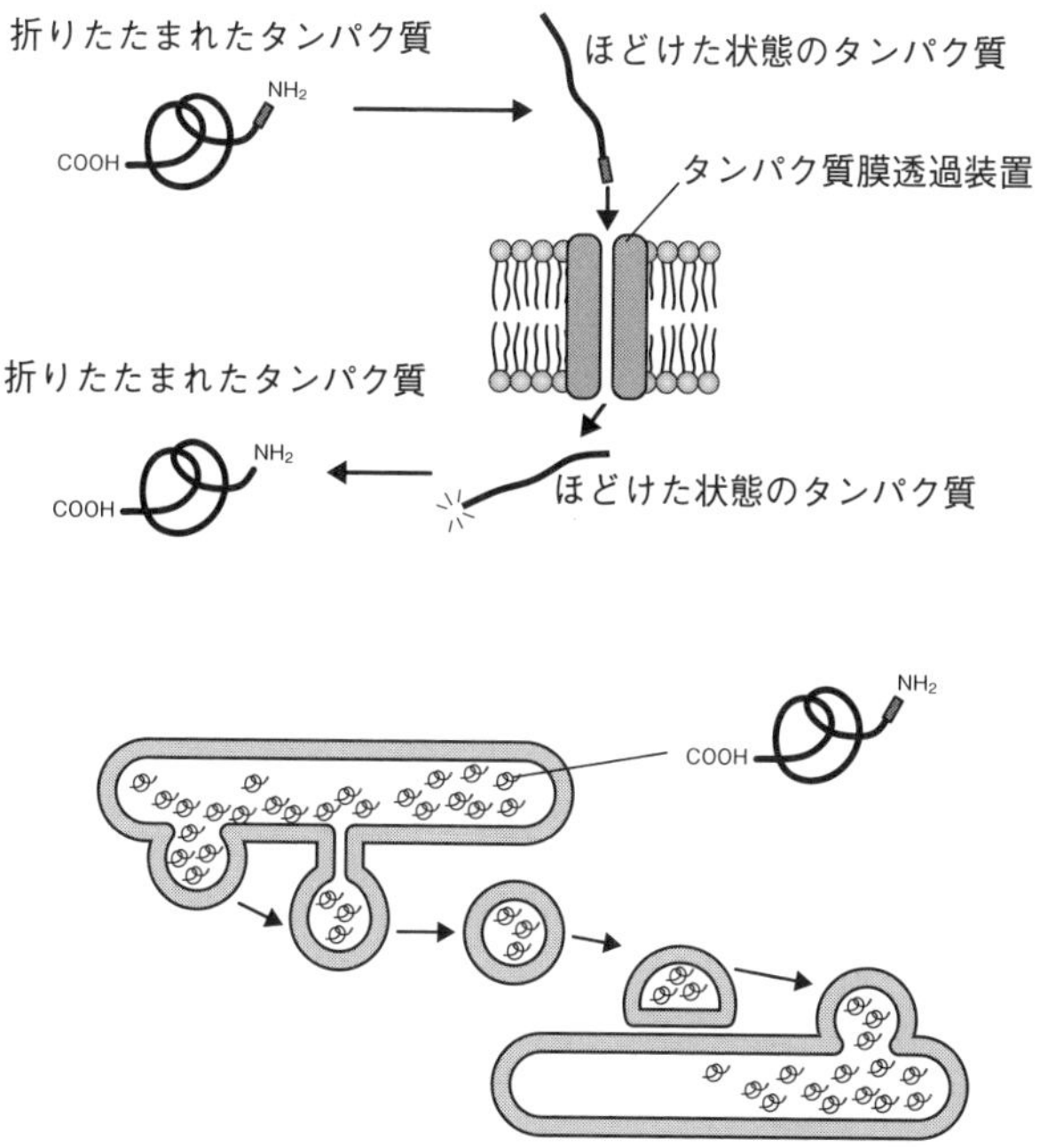

図7·5　膜透過によるタンパク質輸送（上）と
小胞輸送によるタンパク質輸送（下）

ど、小胞輸送では、運ぶタンパク質の構造を一度も壊すことなく目的地まで送り届けることができる。輸送するたびに、いちいちタンパク質の構造を引き伸ばしたり、また元に戻したりする必要がないのだ。当然、この作業に失敗してタンパク質が壊れてしまうリスクも小胞輸送にはない（図7·5）。

さらに、小胞輸送では膜成分——膜タンパク質を運ぶことができる。膜タンパク質は、リボソームで合成されるのとほぼ同時に生体膜――脂質二重層に埋め込まれる。膜タンパク質は、全体として油になじみやすい疎水的な性質をもっているため、水に溶けることができないからだ。そのため、いったん脂質二重層に埋め込まれた膜タンパク質は、その膜から二度と外に出ることはできない。実は、細胞の中で最終的に生体膜に埋まった状態ではたらく膜タンパク質は、リボソームで合成されたあと、すべていったん小胞体の膜に埋め込まれて、そこから小胞輸送のしくみによって目的地の膜へと運ばれて行くのである。細胞の中で、ある膜にいる膜タンパク質を、別の膜へと移動させる手段は小胞輸送しかない。細胞は、膜タンパク質を移動させるために、それが埋まっている膜ごと移動させる、という手段を選んだわけである。

このように、小胞輸送というしくみを獲得した真核細胞には、原核細胞のままでは成し得なかった進化の道が拓けたのである。

4 つながる細胞小器官：すべては膜の流れの中にある

真核細胞がもつ細胞小器官のうち、細胞内共生によって獲得されたとされるミトコンドリアや葉緑体を除いた、小胞体、ゴルジ体、エンドソーム、リソソーム、そして細胞膜は、すべて小胞輸送による物流のネットワークで結ばれている――このようなことがわかってきたのは、比較的最近のことだ。ここで、細胞小器官や小胞輸送の発見の歴史について少し紹介しよう。

真核細胞が、いろんな物質を放出している——つまり分泌していること自体は、非常に古い時代から知られていたのだけれど、それらの分泌物が細胞の中から外に出てくるまでの過程（これがつまり小胞輸送なのであるが）のしくみについては、まったくのブラックボックスであった。その実体が明らかになるきっかけとなったのが、1960年代のジョージ・パラーデ（George Palade）らによる実験だ。パラーデは、「電子顕微鏡的オートラジオグラフィー」とよばれる方法を使って、細胞の中で合成されたばかりの分泌タンパク質を放射性標識して、それを電子顕微鏡で追跡することによって、分泌タンパク質が小胞体——ゴルジ体——分泌顆粒——細胞外という経路をたどって細胞外に分泌されることを明らかにしたのである（パラーデらはこの業績により、1974年にノーベル生理学・医学賞を受賞している）。

その後、1970年代に、先に述べたブローベルによって、細胞外に分泌されるタンパク質は、その末端に「シグナル配列」をもつことが発見され、分泌タンパク質はタンパク質膜透過装置を介して、まず小胞体の中に取り込まれることが明らかにされた。しかし、この小胞体以降をどのようにして分泌タンパク質が移動していくのかについては、しばらくの間よくわからなかった。この時代の細胞生物学の教科書には、「細胞外に分泌されるタンパク質は、小胞体に取り込まれたあとは、自然に細胞外に流れ出る」というふうに説明されているものもあるくらいで、小胞体以降のタンパク質の輸送に、まさか膨大な数の分子装置（タンパク質）が関わっている小胞輸送というしくみが存在しているとは誰も考えていなかったのだ。

そして、この小胞輸送という細胞内の物質輸送のしくみが明らかになったのは、1980年代後半のことである。ここまでに登場した、小胞輸送に関わる因子のほとんどは、カリフォルニア大学のランディ・シェックマン（Randy Schekman）のグループが単離した出芽酵母の分泌変異体から発見され、また、SNAREなどの膜融合に関わる重要な因子の発見と、それらの反応メカニズムは、スローン・ケタリング癌センター（当時）のジェームス・ロスマン（James Rothman）のグループによる生化学的解析によって解明された。さらに、神経細胞における神経伝達物質の放出も小胞輸送反応そのものであるが、シナプトタグミンとよばれるタンパク質がカルシウムセンサーとして機能して、神経細胞が正しいタイミングで神経伝達物質を放出しているのを明らかにしたのが、テキサス大学（当時）のトーマス・シュドホフ（Thomas Südhof）のグループである。小胞輸送研究の基礎を築いた上記3名のパイオニアたちに、2013年のノーベル生理学・医学賞が贈られている。

しかし、これで小胞輸送の全容が明らかになった、というわけでは決してない。小胞輸送というものの存在が明らかになった当初は、小胞体、ゴルジ体、エンドソーム、リソソームのように、それぞれの細胞小器官が独立した「区画」として存在し、それぞれの間を輸送小胞が行き来して物質のやりとりを行っている、という感じで考えられていた。細胞小器官という島々の間を、輸送小胞というフェリーボートが行き来している、というようなイメージである。

ところが、その後の多くの研究から、このようなイメージとは少し違う、というような印象がもたれるようになってきた。というのも、小胞輸送によって物質が運ばれるときには、細胞小器官からの膜の脱離と、同時に細胞小器官への膜の融合が繰り返されるため、輸送小胞にくるまれた中身だけではなく、輸送小胞そのものをつくっている膜成分も同時に細胞小器官の間をやりとりされることになる。事実、細胞内に張りめぐらされた小胞輸送経路の一部が損傷を受けると、その輸送ルートが関わっている細胞小器官を出入りする膜成分（すなわちリン脂質）の出入りのバランスが変化して、細胞小器官が肥大したり、あるいは萎縮したりして大きさが変わるとともに、徐々に細胞内全体の膜系のバランスが崩れていく現象が見られる。

さらに、いくつかの細胞小器官を見ていると、それらは一つの固定された区画というよりも、徐々に別の区画へと変化していく――つまり、成熟していく様子が観察されるのである。たとえば、細胞内にある一つのエンドソームを観察していると、輸送小胞をやり取りしながら徐々にリソソームへと変化（成熟）していく様子が観察される。また、ゴルジ体には、シスゴルジ、メディ

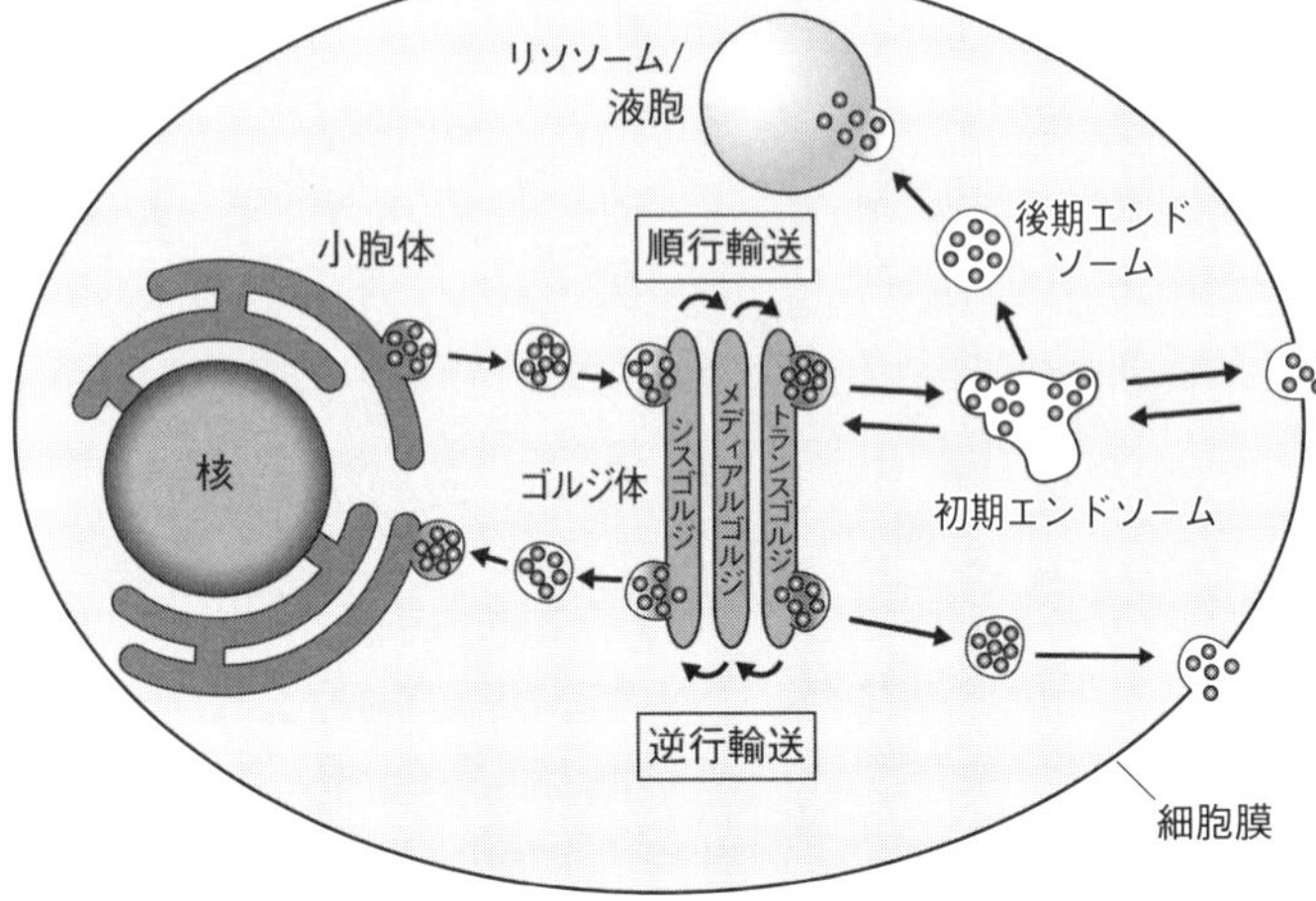

図7·6　小胞輸送で結ばれた細胞小器官は膜の流れによる「動的平衡」によって維持されている

アルゴルジ、トランスゴルジ、の三つの種類の区画があるのだが、一つのシスゴルジを観察していると、輸送小胞のやり取りをしながら徐々にメディアルゴルジへと成熟していく様子が観察され、さらにそのメディアルゴルジは輸送小胞のやり取りをしながら徐々にトランスゴルジへと成熟していく様子が観察されるのである（図7・6参照）。

つまり、小胞輸送によって結ばれた個々の細胞小器官は、一見安定して存在している区画のように見えるのだけれど、実はそれらの間を絶え間なく行き来する輸送小胞による膜の流れの上に成立している、「動的な平衡状態の結果」と見なすことができるのである（図7・6）。

ということは、小胞輸送というのは、細胞

小器官の間を結ぶ物質輸送の役割だけではなく、小胞輸送で結ばれた細胞小器官の「かたちや大きさを保つ」という大切な役割も同時に担っていることになる。さらに、細胞小器官によっては、それを構成する成分が小胞輸送によって徐々に変化させられることによって、別の細胞小器官へと姿を変えるのである。

コラム「天然酵母」と言うけれど

筆者は研究に出芽酵母とよばれる微生物を使っている。出芽酵母とは、いわゆるパン酵母のことだ。これに対して、最近よく目にするのは、「天然酵母」である。これがよくわからない。では、「人工酵母」というものを見せてもらいたい。どんな酵母でも、元をたどれば、全部天然もののはずだ。

パンをつくるときに、通常はドライイーストとよばれるものを加えて発酵させる。ドライイーストとは、パンの発酵に適した酵母を選んで純粋培養し、乾燥させたものである。聞いた話では、このドライイーストの代わりに、果実や穀物に付着している野生の酵母を使ってつくったパンは、「天然酵母パン」になるらしい。つまり、世間で聞く「天然酵母」という表現は、「人が手を加えた材料ではない」くらいの意味のようだ。

さすがに最近では、業界の一部でもこの「天然酵母」の表記を問題にしているらしいが、全然正されていないように見受けられる。たぶん、どうでもよいことなのだろう。筆者も、正直なところ、どうでもいいなと思っている。

このようなことから、現在では小胞輸送による物質輸送の一面と、それによってもたらされる細胞小器官の形態の維持の一面とをまとめた概念として、「メンブレントラフィック」とよばれるようになってきている。メンブレン（生体膜）の、トラフィック（やりとり）、ということである。

5 小胞輸送によりつくられた細胞小器官

ここまでに述べてきたような現象を考慮すると、ゴルジ体、エンドソームに運ばれるタンパク質は、いったんすべて小胞体を経由させられている、というよりも、そもそもこれらゴルジ体、エンドソームなどの細胞小器官は、小胞体から「ちぎれて」できた細胞小器官、つまり小胞体から小胞輸送のしくみによって「分化」してできた細胞小器官と考えるのが妥当であろう。細胞小器官の膜が「ちぎれる」という小胞輸送の副産物として出現したのが、ゴルジ体、エンドソームなどの細胞小器官というふうに考えるのである。

リソソーム／液胞については、小胞体／細胞核とは別に細胞膜の陥入によって形成された痕跡がある、ということだったが、エンドソームとリソソーム／液胞とを結ぶ小胞輸送のルートが構築されたことによって、最終的に小胞体からゴルジ体、エンドソームを経てリソソームに至る輸送ルートが完成した。ただし、リソソーム／液胞はエンドソームから運ばれてくる輸送小胞を受け入れるだけで、ここで行き止まりとなる。リソソーム／液胞が、みずから輸送小胞をつくって物質を送り出すことはしていない。これは恐らく、分解反応を担う区画であるリソソーム／液胞に送り込まれた物質は、ただただ分解を受けるのみであって、ここから何かを運び出す必要はないものと思われるし、各種の分解酵素がパンパンに詰まったこれらの細胞小器官から輸送小胞をつくる場合、その中に分解酵素が紛れ込んでしまう可能性が高く、それを他の細胞小器官へと送り込むことは、細胞にとって危険な行為となるからであろう。

どうだろうか、細胞小器官というもののイメージがずいぶんと違ったものになった方が多いのではないだろうか。少なくとも、現在の高校までの生物の教科書に載っている「真核細胞」の図には描ききれていない事実である。

このような小胞輸送というしくみを獲得できたのも、脂質二重層がもともともっている特徴——柔らかく、簡単にかたちを変えられ、また簡単にちぎれる、という性質があったからに他ならない。

6 「漏れなく」運ぶ小胞輸送

さらにもう一つ、小胞輸送が行われる上で脂質二重層のもつ性質から恩恵を受けていることがある。この小胞輸送では、細胞小器官の膜を変形させて出芽させ、それを根元からくびり切って輸送小胞がつくられるのだが、この膜がくびり切られるときに、膜によって覆われている細胞小器官の内容物が外に漏れ出てしまうことは一切ない、ということが実験的に示されている。さらに、この輸送小胞が目的地である細胞小器官と膜融合するときにも、その内容物が外に漏れることはないこともわかっている。このようなことが実現できるのは、脂質二重層がもつ性質の一つ、文字どおりリン脂質分子が「二重層」になっている、という性質が深く関係していると考えられている。

小胞がくびり切られたり、膜融合したりするときに、その中身を外に漏らさないためには、膜がちぎれたり融合したりする過程で、常に膜によって閉じた構造が保たれている必要がある。脂質二重層は、文字通り二重の膜からできているため、まず最初に、外側の層をつくるリン脂質どうしが混ざり合って融合する（「ヘミフュージョン」という特殊な融合状態）。この時、内側の層は保たれているので、それがバリアとなり中身が外に漏れ出ることが防がれる。融合を終えて、新たな外側の層が形成された後、内側の層をつくるリン脂質どうしが混ざり合って融合を起こす、

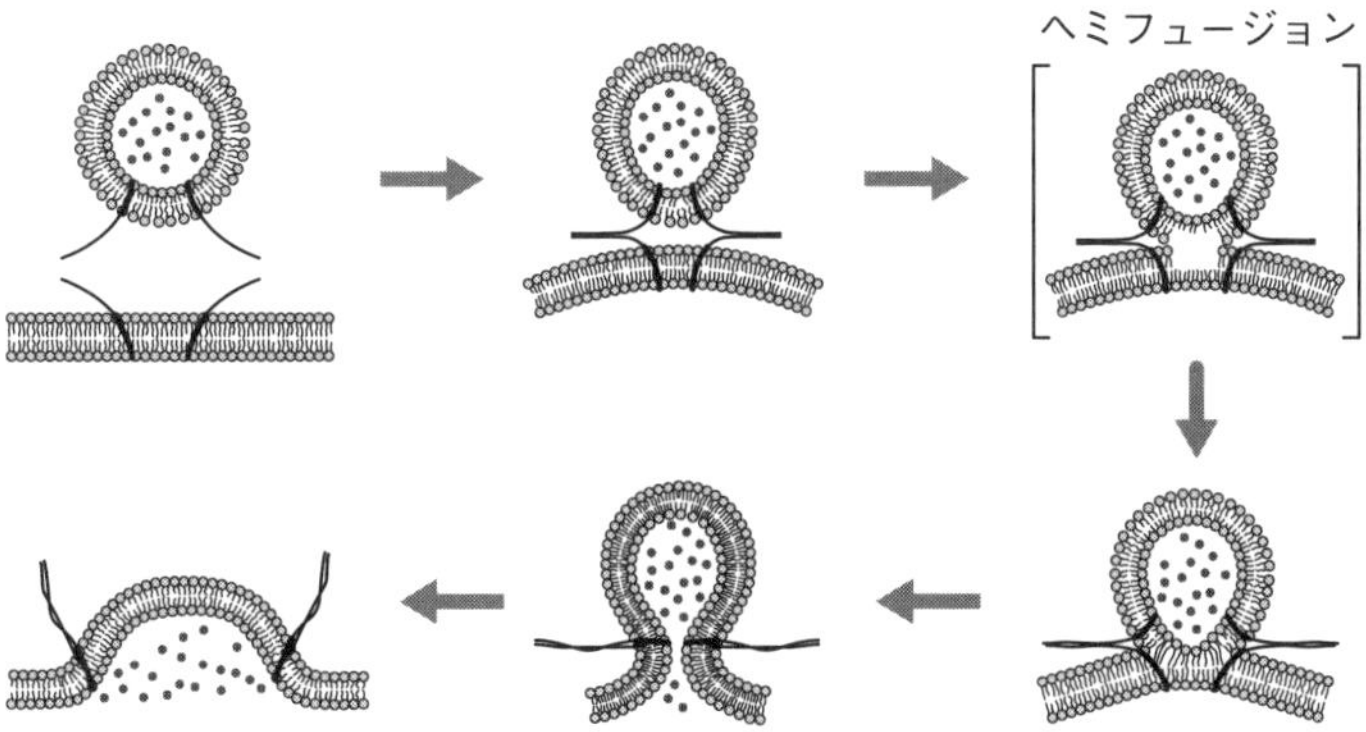

図7·7　中身を漏らさない膜融合の過程……ヘミフュージョン

というステップを経れば、小胞にくるまれた中身を一切外に漏らすことなく膜融合を起こさせることができるのである（図7・7）。つまり、寒冷地にある建物の玄関が二重扉になっていて、外の冷気が屋内に入らないようにしているのと同じような感じで、生体膜が「二重」の層からできていることによって、中身——イオンさえも外に漏らさない膜のくびり切りと融合が可能となっているのである。

ところが、膜融合というのは脂質二重層どうしを近づけたところで、自然に起こるものではない。膜どうしを強く押しつけても、やっぱり膜融合は起こらない。このあたりのことはまだわからないことが多いのだけれど、どうやら脂質二重層どうしの膜融合を引き起こしているのが、輸送小胞が膜融合する相手を見つけるときにも使っているSNAREらしいのである。

SNAREは、輸送小胞や目的地の細胞小器官から生えた短いヒモのような感じで、そのヒモの部分どうしが絡み合ってお互いを認識する、ということだった。その絡まる部分以外にも、SNAREには膜——すなわち脂質二重層に「刺さって」いる部分があるのだが、その脂質二重層に刺さって埋まっている部分が、前述のヘミフュージョンという特殊な融合状態を作りだすのを助け、脂質二重層どうしの膜融合を引き起こしているようなのである。ただし、詳しいメカニズムについては今後の研究を待たなければならない。

輸送小胞がつくられて、細胞小器官の膜から脱離するときの「膜のくびり切り」のメカニズムについては、さらにわかっていないことが多い。まず、小胞輸送のルートごとに、膜のくびり切りに関わっている因子（タンパク質）が異なっていて、それぞれのしくみも異なっているようなのである。たとえば、小胞が出芽している根元に巻き付いて「絞り切る」タイプのものもあるし、あるいは、出芽している根元の脂質二重層に部分的に刺さり、膜に対して何らかの作用を施してくびり切っているものもある（図7・8）。これらのしくみについては、現在もそのメカニズム解明に向けて研究が進められている。

膜がくびり切られるときに、中身を外に漏らさないことが、そんなに重要なことなのだろうか？細胞小器官の中身なんて、少しくらいは漏れてしまってもなんとかなるのではないか、と考え

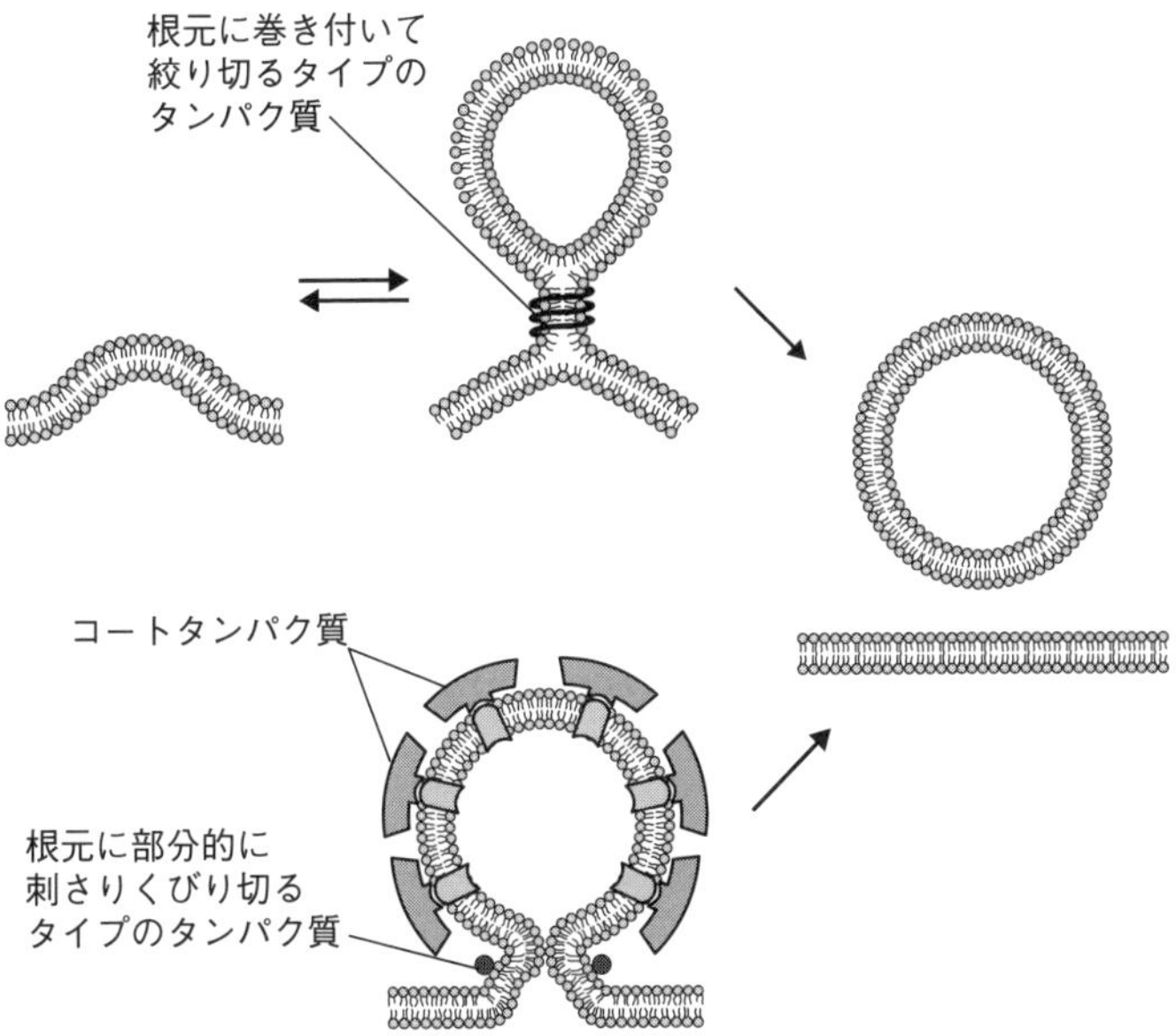

図7·8　脂質二重層の「くびり切り」のタイプ

る人もいるだろう。実は、中身が漏れてしまうと、細胞にとって大惨事になる場合がある。

リソソーム／液胞は、主に細胞の中で壊れてしまったものや、いらなくなったものを分解する役割を担っているため、先にも述べたようにこれらの細胞小器官の中には、さまざまな生体分子を分解するための分解酵素がたっぷりと詰まっている。これらの分解酵素は、もともとは小胞体でつくられたものが、小胞輸送のしくみでリソソームまで運ばれてくるのであるが、リソソームが分解酵素を受け取るために、輸送小胞と膜融合するたびにその中身が少しずつでも外に漏れ出すのだとしたら……漏れ出した分解酵素が細胞質に蓄積していき、それらによって細胞内はボロボロになってしまうだろう。

ところで、リソソーム／液胞の中ではたらく分解酵素は、小胞体からリソソーム／液胞に辿りつくまでの間、おとなしくしていてくれるのだろうか？　小胞体でつくられた分解酵素がリソソーム／液胞に送り届けられるまでの間に、ゴルジ体やエンドソームなどを経由するわけだが、その経由地でいろいろなものを分解してもらっては困る。

実は、小胞体でつくられた分解酵素は、その時点ではまだ分解酵素としての能力（分解活性）をもたない「前駆体」とよばれる状態になっていて、これがリソソーム／液胞に辿り着くと、リソソーム／液胞の中にある特殊な分解酵素が、前駆体の一部を切断することによって、分解活性をもった「成熟体」へと変換するのである。よくできたシステムである。

また、細胞小器官はそれぞれの役割を果たすために、その内部が一定のpH――すなわち一定の水素イオン濃度に保たれていて、しかも、細胞小器官ごとにその値は少しずつ異なっている。輸送小胞が出入りするたびに、水素イオンが漏れてしまうようであれば、細胞小器官の内部のpHを一定に保つことができなくなってしまう。

そもそも、それぞれの細胞小器官から輸送小胞がつくられるたびに、また、やってきた輸送小胞が膜融合するたびに、細胞小器官の中身が少しずつでも細胞質部分に漏れてしまうのだとすると、それらが細胞質に蓄積してしまい、細胞小器官によって細胞の中を仕切っている意味がなくなってしまう。

小胞輸送という現象以外で、生体膜がくびり切られる場面というのはないだろうか？　細胞が細胞分裂するときにも、膜のくびり切りが起こりそうだ。細胞が分裂する瞬間に脂質二重層がどのようになっているのかについてはよくわかっていないのだけれど、このときも中身はほとんど漏れ出ていないようである。たとえば、20分ごとに分裂して増殖する大腸菌の培養液を調べてみても、大腸菌の中身の成分は含まれていない。

細胞を実験材料として扱うときに、エレクトロポレーション法（電気穿孔法）や、パーティクルガン法という実験手法がある（図7・9）。これは、細胞の外からＤＮＡやタンパク質を細胞内に物理的に「撃ち込む」という実験手法なのだけれど、このとき細胞膜にごく小さな穴が瞬間的に空いてしまう。撃ち込まれた細胞は当然、細胞膜に一瞬穴を空けられるわけだが、その後何事もなかったかのように生育する。つまり、細胞分裂のように、それほど頻繁に起こることでな

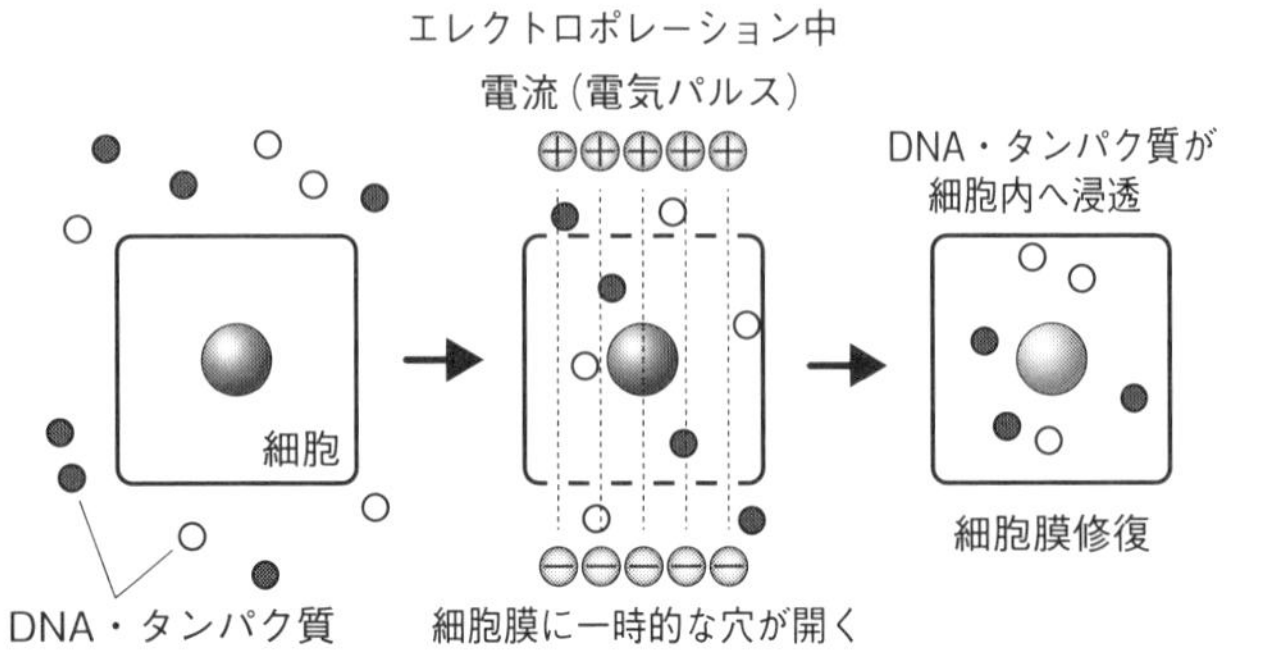

図7·9　エレクトロポレーション法による細胞への遺伝子導入の概念図

ければ、膜のくびり切りの際に、細胞の密閉性が一瞬失われる程度は問題ない、ということを実証していることになる。

もしそうだとすると、地球上に最初に出現した生命が、脂質二重層ではないタイプの膜——中身が漏れ出るのを防げないタイプの膜を使っていたとしたらどうなっていただろうか？　たとえば、先に述べた古細菌がもっているような大環状エーテル型脂質だけでつくられた「脂質一重層」を採用した細胞がいたとしたら、先に述べた「ヘミフュージョン状態」をつくることができない。しかしそのような細胞でも、それほど頻繁でなければ中身が多少漏れても差し障りはない、ということであれば、細胞分裂という行為は可能だったかもしれない。

また、大環状エーテル型脂質でつくられた脂質一重層も、水は通すことができるけれども、イオンを通すことはできない、という性質はもっているので、イオンの濃度勾配をつくることができて、F_0F_1ATP合成酵素によってエネルギーを生産することもできたであろう。しかし、そういった膜で、小胞輸送のしくみが獲得できたかどうかについては怪しくなる。ヘミフュージョン状態をつくることができない一重層膜では、輸送小胞がつくられるときのくびり切りと、膜融合が起こるたびに中身が漏れてしまうからだ。

7　生体膜のつくり方

このように、水中で袋状のものを中身を漏らすことなくちぎったり、また融合させたりするしくみを、脂質二重層以外の材料を使って人工的に設計して再現することはものすごく難しい。人類は、まだ生体膜の替わりになるものを手に入れていないのである。

ただし、生体膜機能の一部について、それを真似て人工的に再現することはできる。先に述べたように、脂質二重層をつくるリン脂質分子は、細胞から抽出してくることもできるし、また化学合成することもできる。リン脂質分子を水中に入れると、自己集合して脂質二重層をつくり、さらにそれが細胞のような球状に閉じた形状になる、ということだったが、これをリポソーム（人工膜小胞）という。これをつくるのは比較的簡単だ。しかし、生体膜とは、「脂質二重層＋膜タンパク質」というものだから、ここに膜タンパク質を埋め込まないと生体膜を模倣したものとはならない。この脂質二重層に膜タンパク質を埋め込む、ということが技術的に非常に難しいのである。どのような点がそんなに難しいのか?

まず、膜に埋め込むための膜タンパク質を準備する必要があるわけだが、これは細胞から抽出・精製してきたものを使うことができる。膜に埋まっていない可溶性タンパク質の場合は、細胞を破砕した抽出液から直接分離・精製してくることができるのだけれど、膜タンパク質の場合は脂質二重層に埋まっているためそう簡単ではない。細胞を破砕したものから、まず膜タンパク質が含まれている生体膜成分だけを分離してくる。ここから膜タンパク質を抽出してくるわけだが、脂質二重層に埋まった膜タンパク質をいきなり引っ張り出すわけにはいかない。膜タンパク質は脂質二重層中の油になじみやすい疎水的な環境にいるため、その膜タンパク質自身も、油になじみやすい疎水的な性質をもっている。そのため、水になじみやすい親水的な環境、すなわち水中には溶け込むことができないのである。

そこでどのようにするかというと、生体膜から膜タンパク質を「溶かし出す」のである。簡単にいうと、石鹸の成分を使って生体膜を溶かすのである。本来なら決して混ざり合うことのない水と油も、「界面活性剤」とよばれる物質を入れると混ざり合うことができる。石鹸もこの界面活性剤の一種である。界面活性剤の分子構造は、実はリン脂質分子の構造ととてもよく似ていて、

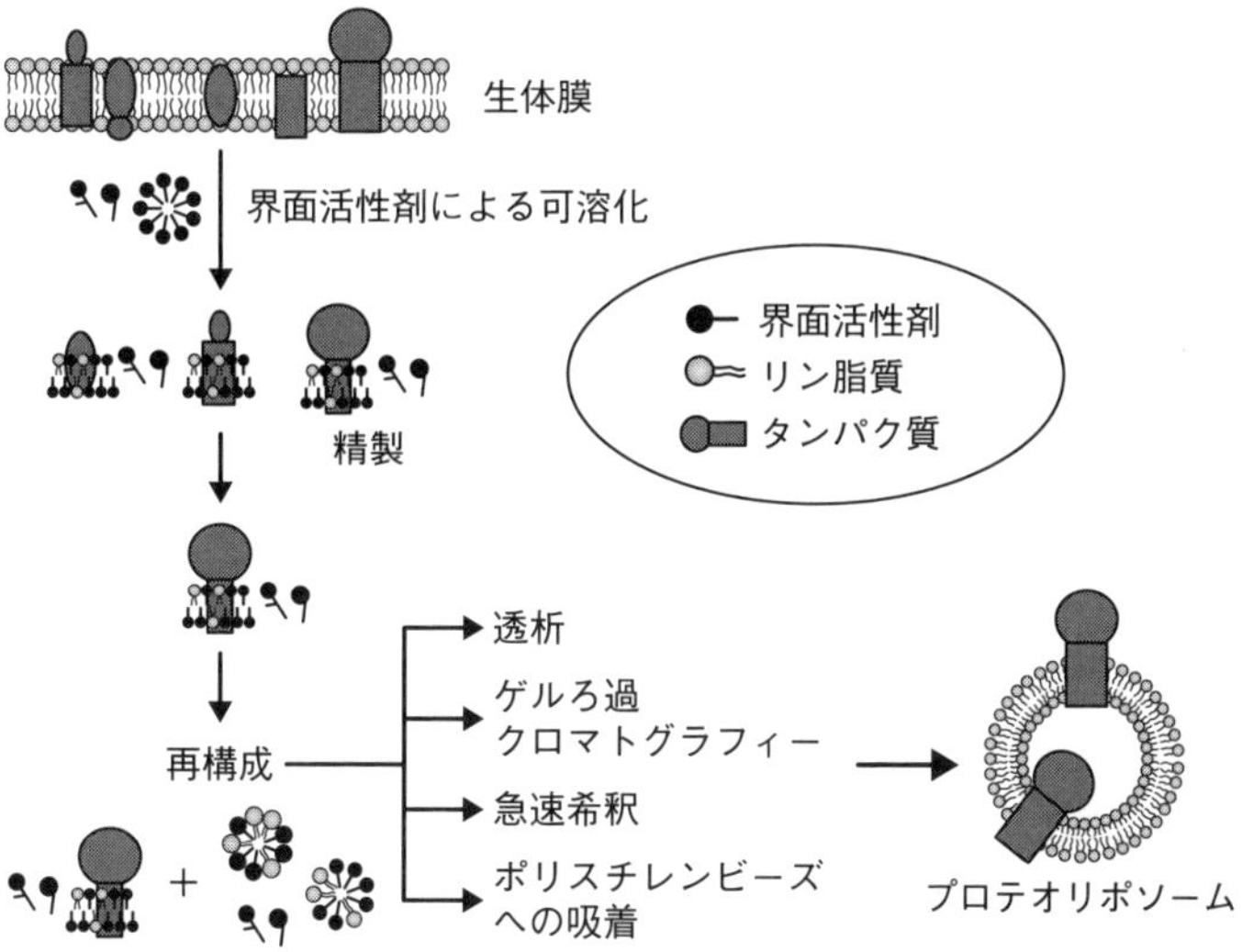

図7·10　膜タンパク質をリポソームに埋め込む「膜タンパク質再構成法」

水になじみやすい親水基と、油になじみやすい疎水基の両方をもった両親媒性分子である。つまり、性質の似た分子どうしであれば、混ざりやすいということである。

細胞から分離した生体膜成分に界面活性剤を加えると、界面活性剤の分子が脂質二重層中に入り込み、そこに含まれるリン脂質分子と膜タンパク質が界面活性剤分子を纏《まと》いながらバラバラとなる。この状態から界面活性剤を纏わせたままの膜タンパク質を分離してくることができる（図7・10）。

このようにして抽出した、界面活性剤に溶けた状態の膜タンパク質を、ふたたび脂質二重層に埋め込む。そのためにはまず、膜タンパク質と同じように界面活性剤に溶かしたリン脂質分子を用意する。これと界面活性剤に溶けた状態の膜タンパク質を混ぜ合わせる。この混合液から界面活性剤だけを取り除くのである。界面活性剤を取り除くには、界面活性剤の効果がほとんどなくなる程度にまで一気に希釈するとか、透析によってじわじわと界面活性剤を除去するとか、あるいは、界面活性剤だけを吸着する物質を混ぜる、というような方法がある。そうすると、リン脂質分子と膜タンパク質は、纏っていた界面活性剤の分子が取り除かれて、リン脂質分子どうしは先に述べたファンデルワールス力によって自己集合し、膜タンパク質は界面活性剤の代わりにリン脂質分子を纏って脂質二重層の中に取り込まれるのである（図7・10）。

このようにして、リポソーム中に特定の膜タンパク質を埋め込んだもの――「プロテオリポソーム」を作製することができる。

このような実験手法を「膜タンパク質再構成法」といって、個々の膜タンパク質の機能を調べるのにたいへん便利な手法として使われている。これまでに、この方法を使ってさまざまな膜タンパク質の機能が解明されてきた。

たとえば、ここまでに述べてきた、呼吸鎖、光化学系、F_0F_1ATP合成酵素、バクテリアのべん毛モーター、タンパク質膜透過装置、そして小胞輸送におけるコートタンパク質やSNAREによる膜融合のしくみなどについても、すべてこの「膜タンパク質再構成法」を使ってわかっ

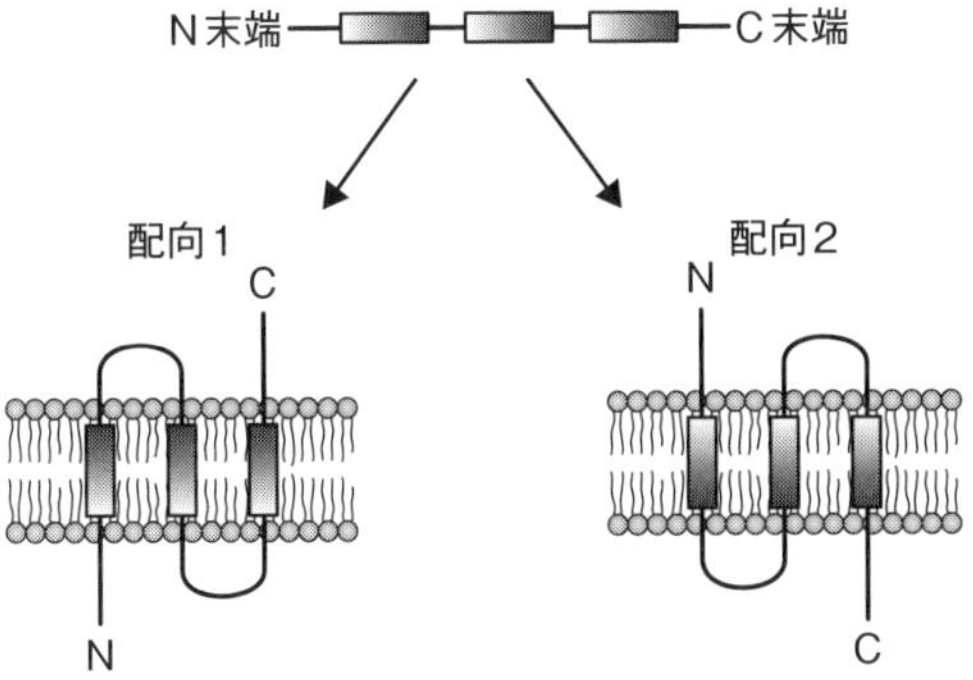

図7·11　膜タンパク質が脂質二重層に埋まりうる方向

たことである。

この実験方法を使えば……たとえば、細胞の生存に最低限必要な膜タンパク質をリポソームに埋め込むことができれば、そして、その膜で細胞内の成分をくるめば、ひょっとしたら細胞を人工的に再現――細胞をつくることができるのではないだろうか、と考える方もいるだろう。

しかし、この方法はあらゆる膜タンパク質に対して万能というわけではないのである。たとえば、界面活性剤を取り除いて膜タンパク質が脂質二重層中に取り込まれるときに、今の技術では、その「埋まる方向」を指定することはできない。ある膜タンパク質が脂質二重層に埋まる方向（これを膜タンパク質の配向という）は図7・11のように、表向きと裏向きの2パターンがあり得るのだけれど、生きた細胞がもつ膜の中ではこれらのうちの一方の配向しか取っていない。つまり、膜タンパク質は決まった配向で膜に埋まらないと正しく機能を発揮できないのである。特定の方向にイオンを運ぶ膜タンパク質が、逆向きの配向で膜に埋まってしまうと、反対の方向にイオンを運んでしまう、ということを想像していただくとよくわかるだろう。この膜タンパク質再構成法で膜タンパク質を脂質二重層に埋め込むと、ほとんどの場合、表向きと裏向きのランダムに配向してしまう。

また、すべての膜タンパク質が界面活性剤によって簡単に溶かし出せるというわけではない。界面活性剤にもいろいろな種類があって、溶かし出したい膜タンパク質ごとに最適な界面活性剤を探すのだけれど、どのような界面活性剤を使っても構造を壊さずに溶かし出すことのできない膜タンパク質もある。さらに、多くの種類の膜タンパク質を同時に一つのリポソームに埋め込むことも難しい。界面活性剤を使っても、膜タンパク質は薄い濃度でしか溶かし込むことができないので、多くの種類の膜タンパク質を一つの溶液中に溶かすことが難しいからだ。

これまでのところ、人工的に膜タンパク質を脂質二重層に埋め込む方法としては、実質的にこの界面活性剤を用いた方法しかない。現在、さまざまな試みがなされているものの、あらゆる膜タンパク質をちゃんと制御しながら脂質二重層に埋め込むのに万能な方法は見いだされていない。

われわれ人類が人工的に細胞を、いや、もっと単純な細胞小器官でさえつくることができない最大の理由は、まずこの脂質二重層に膜タンパク質を埋め込んだもの——生体膜を再現することが難しいという技術的な部分にある。

8　まだまだわからない小胞輸送

小胞輸送は、現在筆者が研究を行っている分野ということもあって、少し詳しく書いてきた。ここまでの解説を読んで、小胞輸送というのはずいぶん詳しく研究されていて、よくわかっているのだな、という印象をもたれた方がいるだろう。しかし、研究者からすると、世の中には白か黒かみたいに、わかっているものと、わかっていないもの、の二つがあるのではなくて、ほとんどのものが「部分的にわかっているもの」、というような印象を受ける。部分的にわかっているものを見たとき、それをもっと知りたいと思う研究者にとっては、さっぱりわからないものに映るし、一般の人には、もうだいたいわかったことのように映るのである。

小胞輸送についても、基本的な部分でわかっていないことがたくさん残されている。たとえば、細胞小器官の内部にある可溶性のタンパク質を、小胞輸送によって別の細胞小器官に運ぶ場合、その可溶性タンパク質を特異的に認識して結合する膜タンパク質の受容体が膜に存在し、その受容体を介して輸送小胞に取り込まれる、ということだった。しかし、その可溶性タンパク質を結合した受容体は、行き先の細胞小器官に辿り着いたとき、どのようなしくみで運んできた可溶性タンパク質を放すのだろうか？　物質輸送に関わるこんな基本的な疑問にも、われわれはまだ答えられていないのである。

世界中の多くの研究グループの努力によって、小胞輸送という一連の反応で、運ぶタンパク質がどのように認識されて、どのように運ばれて行くのかについての基本的なメカニズムは、少しずつわかってきている。しかし、小胞輸送とは、先にも述べたように、輸送小胞を介して細胞小器官の間を膜も移動するため、物質輸送にともなう膜の収支についても、それぞれの細胞小器官ごとに厳密に調節されている必要がある、という新たな事実が判明してしまった。それでは、細胞小器官から輸送小胞として出て行く膜の量と、その細胞小器官に運ばれてきた輸送小胞が膜融合することによって入って来る膜の量というものが、どのようにして感知され、また、どのように膜の出入りが調節、制御されているのだろうか？　……これが増えてしまった「わからないこと」の一例である。今後の小胞輸送／メンブレントラフィックの研究は、この「小胞輸送の制御」を解明するための研究に軸足が移っていくものと思われる。

コラム　前進あるのみ

一般に理系の大学生は、４年生の最後の一年で研究室に配属されて「卒業研究」というものを行う場合が多い。文字通り、「研究」をするわけだ。学生は、このときに初めて「研究」というものに触れることになるのだけれど、配属されたばかりの多くの学生が共通して抱く疑問がある。それは、「この先生は何十年も同じテーマについて研究しているのに、まだ終わらないのだろうか？」というようなものだ。

ほとんどの仕事というのは、やっていればそれなりに片づいて終わりがある。ところが研究というものは、やればやるほど謎が増えていってしまうので、どんどん仕事が増えていく一方だ。論文を一つ書いたときなどは、少しほっとするのだけれど、それは区切りではないし、ましてや仕事の終わりではない。本のページをめくるときに文章が一瞬途切れる、くらいのものにすぎない。

だから、研究をやっていくことは、なにかを達成するというよりも、一つ何かがわかるごとに、わからないものが増える、わからないことがあることを知ってしまう、という感じなのである。その中から、限られたことしかできないのだから、どんどん増えていく課題のうち、どれを選んで研究するのか、ということが研究者にとって一番難しい問題である。

研究室に配属された学生は、卒業研究を行う過程で、自分で論文を調べ、手を動かして実験をすることによって、このようなことを身をもって体験するので、最初に抱いたような疑問は、卒業論文を書き上げるころには、すっかり消えてしまうのである。

どんな研究分野にも黎明期があり、成長期、そして成熟期がある。その過程で、知識が上る階段というのは、だんだん緩やかにはなっていくものの、一段一段の価値は、常に等しく大きいものである。さらに成熟期に地道な知識の集積を重ねた研究分野は、多くの場合、新しい研究材料、画期的な研究手法などの登場によって新しい展開が導かれ、次の成長期を迎えるのである。

9 小胞輸送とオートファジー：実は同じものといってよい

2016年10月3日夕刻、この年のノーベル生理学・医学賞が、細胞のオートファジー（自食作用）とよばれる現象を解明した、現・東京工業大学の大隅良典栄誉教授に授与されることが発表された。受賞の一報に、われわれ小胞輸送／メンブレントラフィックの研究者たちも喜びに沸いた。小胞輸送／メンブレントラフィックとオートファジーの研究には実は深いつながりがあるからだ。いや、ほとんど同じものといっても良いのかもしれない。これらの関わりについて紹介していこう。

オートファジーというのは、最終的にリソソーム／液胞で細胞内のものが分解される現象のことだ。このオートファジーという現象自体は、1950年代に電子顕微鏡による観察から動物細胞ですでに発見されていたのだけれど、それからなかなか研究が進まないでいた。当時はまだ、小胞輸送という現象が知られていなかったため、リソソームで何がどのようにして分解されているのかということ自体がわからなかったからだ。そこに一筋の光を当てたのは、現在筆者も所属する東京大学教養学部で、当時（1993年）独立して研究室を構えたばかりの大隅良典先生のグループである。大隅グループは、当時すでに遺伝学実験の手法が確立していた出芽酵母を使って、オートファジーにかかわる遺伝子群の特定に成功したのだ。

もともと、このオートファジーというのは、細胞が飢餓状態に陥ったときに、このシステムが発動して、細胞内のものを無差別に分解して、その分解物を再び栄養源として、生存に必要な最小限のものだけを再生産して生き延びるためのしくみである、とされていた。しかし最近では、このオートファジーは、どうやら細胞内で恒常的に起こっている現象であるということがわかってきている。

細胞をつくっているタンパク質は、はたらいているうちに古くなって壊れてしまうこともあるのだけれど、細胞にはそういった壊れてしまったタンパク質を見つけ出して分解するためのしくみが備わっている。ところが最近、細胞内のタンパク質は、壊れている、いないに関わらず、定期的に（強制的に）分解されてリフレッシュされている、ということがわかり始めている。その定期的な分解を行っているのがオートファジーらしいのである。また、このオートファジーのしくみで、一部の細胞小器官も分解されることから、細胞小器官の細胞内での量を調節する役割もあるのではないか、とされている。この他にも、オートファジーがうまくはたらかなくなると、さまざまな疾患を引き起こすこともわかってきていて、現在、多くの研究グループによって、既知の生命現象とオートファジーとの関係を調べる研究が精力的に進められている。

オートファジーでは、まず細胞質に「隔離膜」という膜の破片のようなものがどこからともなく現れてきて、それが徐々に伸長しながら湾曲していき、細胞質の一部、あるいは小胞体、ミトコンドリアやペルオキシソームなどの細胞小器官を包み込んでいく。そして、伸長してきた隔離膜の端っこどうしが最終的に膜融合して、オートファゴソームとよばれるものが形成される。このオートファゴソームは、分解を担う区画であるリソソーム（植物の場合は液胞）と膜融合することによって、リソソームの中に送り込まれ、リソソームがもつ分解酵素によってオートファゴソームごと分解されるのである。このオートファゴソームは、必要なときにしか出現してこないのだけれど、立派な細胞小器官の一つであり、あらゆる真核細胞に見られるものである（図7・12）。

当初、大隅グループによって出芽酵母から同定されたオートファジーに関係する遺伝子は14種

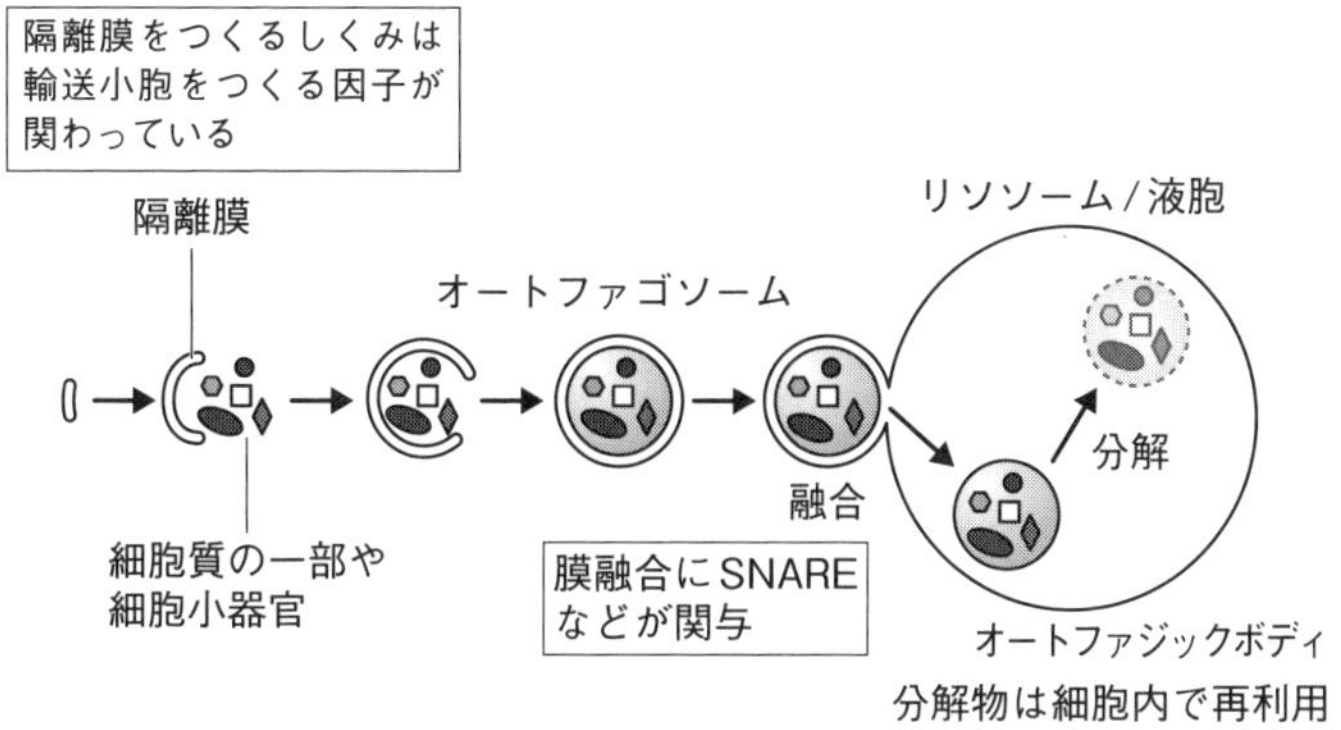

図7·12　オートファジー……実は小胞輸送と深い関係にある

類あったのだけれど、これらはどれも他の既知遺伝子とまるっきり似ていない未知のものばかりで、他の生命現象とはまったく別の独立した現象ではないかと考えられていた時期があった。しかしその後、オートファゴソームとリソソーム（液胞）との膜融合には小胞輸送で使われているのと同じSNAREが関与していること、また、オートファゴソーム（隔離膜）がつくられるときに、小胞体から輸送小胞をつくるときにはたらいている因子群が関係していることなどが徐々に明らかとなってきている。

つまり、オートファジーという現象も、広い意味では小胞輸送、メンブレントラフィックの一つの形態である、と認識されはじめているのである。考えてみると、生体分子を膜でくるんで、それを特定の細胞小器官（ここではリソソーム／液胞）に膜融合して送り届けるのだから、これは小胞輸送そのものではないか。

現在は「オートファジー分野」と区別されているものの、近い将来、オートファジーも「メンブレントラフィック」の中に含まれる一つの現象として扱われるようになるだろう。

8章　細胞小器官獲得の不思議：それは絶妙なタイミングだったのか？

1　進化の中間体が見つからない

地球上のあらゆる生物は、たった一つの共通祖先から進化してきたものである、ということだったが、それが進化してきた道筋を辿るには、古くは遺された化石を調べることによって、そして現在では遺伝子配列を解析することによって推測することができる。また、生物が進化していく過程で、途中でたくさん「枝分かれ」しているのだけれど、その枝分かれについても、「進化の中間体」と思われるものを参考にして、その道筋が推測できる場合が多い。

生物の進化にとって大きな転換点であった原核細胞から真核細胞への進化に注目して、その道筋を辿ろうとすると、一つの奇妙な事実に直面する。ここまでに述べてきたように、原核細胞（古細菌）の細胞膜が細胞の内側に向けて陥入し、その膜構造物が細胞膜から脱離することによって、細胞核や小胞体、あるいはリソソーム／液胞といった細胞小器官が獲得されたのだとする。そしてその後、小胞輸送のしくみが獲得されて、小胞体が原始的な小胞輸送のメカニズムによって「ちぎれる」ことで、ゴルジ体、エンドソームなどの細胞小器官へと「分化」した、という進化の道筋を辿ったのだとする。このような進化が、たとえば数千万～数十億年かけてゆっくり進んだのだとすれば、細胞膜の陥入によって細胞核や小胞体、そしてリソソーム／液胞が獲得された時期と、小胞輸送のしくみが獲得された時期、そしてゴルジ体、エンドソームが出現した時期には、それぞれ時間的な隔たりがあっても良いことになる。そうすると、これらの形質のうち、一部だけをもたないような細胞――「進化の中間体」とも言うべきものが数多く存在していても良いはずだ。

ところが、現在までに地球上で見つかっている真核細胞で、たとえば、細胞核や小胞体はもっているのだけれど、ゴルジ体、エンドソーム、リソソームなどの細胞小器官はもっていない、というような細胞は一例も見つかっていない。逆に、リソソーム／液胞などの細胞小器官はもっているのだけれど、ゴルジ体、エンドソーム、細胞核や小胞体はもっていない、というような細胞についても一例も見つかっていない。また、細胞核や小胞体とリソソーム／液胞しかもっていないという細胞も見つかっていない。

つまり、始原真核細胞が細胞膜の陥入によって細胞核や小胞体を獲得してから、小胞輸送のしくみの獲得とそれに引き続くゴルジ体、エンドソームへの分化、そしてリソソーム／液胞の獲得と小胞輸送ルートへの編入に至るまでの、進化の中間体といえるものが、たった一例たりとも見つかっていないのである。これはどういうことだろうか？

2 すべてが同時であった可能性

この事実が突きつける一つの可能性がある。細胞膜の陥入によって細胞核や小胞体が獲得された時期と、リソソーム／液胞が獲得された時期、そして小胞輸送のしくみが出現し、小胞体からゴルジ体、エンドソームなどの細胞小器官への「分化」が起こった時期が、すべて同時か、あるいはきわめて短い期間に集中して起こった可能性が考えられるのである。

細胞膜の陥入に由来する膜構造の形成から、さらなる膜構造への分化には、小胞輸送のしくみがかなり深く関わっているようである。それでは、そもそも小胞輸送というしくみ自体は、どのようにして獲得されたのだろうか？

小胞輸送は、細胞小器官の膜から輸送小胞が形成される反応と、その輸送小胞が行き先の細胞小器官の膜と膜融合するという二つの基本的な反応からなりたっている。輸送小胞をつくるための分子装置と、膜融合を起こすための分子装置は別々のものであり、互いにオーバーラップするものはないから、これら二つの反応は、進化上、別々に出現したものだとしよう。その場合、たとえば、ある細胞小器官から輸送小胞の形成反応だけしか起こらなければ、その細胞小器官はどんどん膜を失い、やがて消えてなくなってしまう。あるいは、膜融合のしくみだけが先に出現したとしても、それだけで輸送を成り立たせることはできない。

つまり、膜をくびり切って輸送小胞をつくるしくみと、膜どうしを融合させるしくみは、進化上、別々に出現したものが、何かの弾みで組み合わさったと考えるのはかなり難しく、これらは、ある日突然、奇跡的に同時に出現して小胞輸送のしくみがつくられた、と考えるしかない。

こういった例は、しばしばダーウィン進化論者への格好の攻撃材料となる。小胞輸送の場合、細胞小器官から輸送小胞がつくられるしくみと、その輸送小胞がターゲットとなる細胞小器官と膜融合するしくみが同時に完成され、それらがセットになってはたらかないと全体がシステムとして成り立たない。細胞小器官の膜から、特定の分子をくるんだ小胞がちぎられ、その小胞を別の細胞小器官の膜まで運んでいって膜融合させてくっつける、しかも、誤配が起こるとそれをリカバーするしくみも備えている、というような高度な輸送システムが、誰かがデザインしたものではなく、自然淘汰を経て完成することなどはたして可能なのだろうか、と「神がすべての生物を設計したのだ」と唱える創造論者は主張するのである。

それでもダーウィン論者は、どんなに複雑なしくみであっても、それが生存に有利にはたらくのであれば、徐々に進化、発達することはあっても良い、と主張する。

小胞輸送の起源についても、いまだに結論は出ていない。

自然淘汰の帰結にしろ、創造者の設計にしろ、そもそも小胞輸送という反応は、何をきっかけに、何を足がかりとして出現してきたのだろうか? 原核細胞がもつさまざまなしくみを見渡してみても、小胞輸送に類似したものは見られない。小胞輸送を駆動している個々のタンパク質を見ても、原核細胞がもっているタンパク質に類似したものは見当たらない。原核生物がもっているしくみのうち、小胞輸送と類似した反応はないか? ——膜の変形、くびり切り、というと、細胞分裂を思い浮かべることができるが、原核細胞が細胞分裂するときに細胞膜を変形させたり、くびり切ったりするときにはたらくタンパク質は、真核細胞の小胞輸送で使われているタンパク質とはまったく似ていない。小胞輸送は、原核細胞の中の何かの機能を足がかりとして獲得されたものではなさそうだ。

コラム　ハンディキャップ理論

ダーウィンの進化論というのは、思い切り簡単にいえば、突然変異によって生存に有利な性質を獲得した生物が生き残る、というものだ。しかし、自然界の生き物を観察していると、どう見ても無駄というか、むしろマイナスになっているとしか思えないような形態をもった生物が見られ、生存に有利なものが生き残った、という考え方だけでは説明できないのではないか、との見方もでてきた。そこで、イスラエルの生物学者アモツ・ザハヴィ（Amotz Zahavi）が唱えたのが、ハンディキャップ理論だ。

わかりやすい例を挙げると、オスのクジャクである。敵を威嚇したり、メスへのアピールのためとはいえ、なにもあそこまで目立たなくても良いだろう。やりすぎではないか。どう見ても悪目立ちしていて、むしろ天敵にも見つかりやすそうで、動きにくそうでもある。明らかに不利であり、ハンディキャップではないか、という疑問が生じてくる。同様の例は他の生き物でも観察される。

そこで、こう考える。ハンディキャップをもっていることは、ある種の余裕であり、最適化されたものより、無駄を抱えつつも生きている方が優れている、という「アピール」をしているのだ、と。誰へのアピールかというと、それは天敵や異性に対してだ。クジャクを襲おうとしている天敵は、あんなマイナスなことをしているのにこれまで生き延びているなんて不気味だ、なにか未知の強さを秘めているにちがいない、と考えて敬遠する。メスは、あんな無駄なことをしながらも元気に生きているのは、それをカバーできる優れた性質をもっているからにちがいない、と理解して、よりハンディの大きいオスを選択する、というのだ。

人間界に目を向けると、試験前に「全然勉強してないよぅ」（本当はしてるのに）と言いつつ、そこそこの点数をとってしまう人がいる。ハンディキャップを誇示し、それによって自分には余裕がある、というアピールをしている点では、同じ感覚だろうか。

3 手がかりは脂質二重層を曲げるタンパク質?

始原真核細胞の細胞膜が陥入して細胞核や小胞体の元となる膜構造が形成されるときに、脂質二重層を「曲げる」道具が必要だったはずだ。タンパク質が脂質二重層の膜を曲げるメカニズムとして、現在の生物には大きく分けて2種類のしくみが見られる。一つは、タンパク質が脂質二重層の表面に張り付いて、それを鋳型としてそのタンパク質のかたちに変形させるタイプのものと、もう一つは、脂質二重層の片側の層だけに、タンパク質の一部が部分的に挿入されることによって、脂質二重層にタンパク質の「くさび」を入れるように膜を変形させるタイプのものである。

膜分化によって獲得したとされる細胞小器官のかたちを維持するのに使われているタンパク質や、小胞輸送で使われているタンパク質を見てみると、このような「膜を曲げる」機能をもったタンパク質が多く使われていることに気づく(図8・1)。輸送小胞をつくるコートタンパク質は、細胞小器官の表面に張り付いて膜を変形させるものだし、形成された輸送小胞を根元からくびり切るときにはたらくタンパク質には「くさび」タイプのものがある。また、小胞体は細胞の中をチューブ状となった膜が網目状に連結した構造をしているのだが、この膜をチューブ状に保っているのも「くさび」タイプのタンパク質である。

これらの「脂質二重層を曲げる」タンパク質というのが、もしかしたら真核細胞誕生を探る手がかりになるかもしれない。起源ははっきりしないのだけれど、どうやら原核細胞はもっていなかった脂質二重層を曲げるはたらきをするタンパク質が、なにかの弾みで出現してきたことによって、細胞膜の陥入が起こり、細胞小器官や小胞輸送のしくみの獲得へとつながったようなのである。しかし、たとえばこれがどのようにして膜融合のしくみ……SNAREタンパク質の獲得とつながったのかについては、やはり謎である。

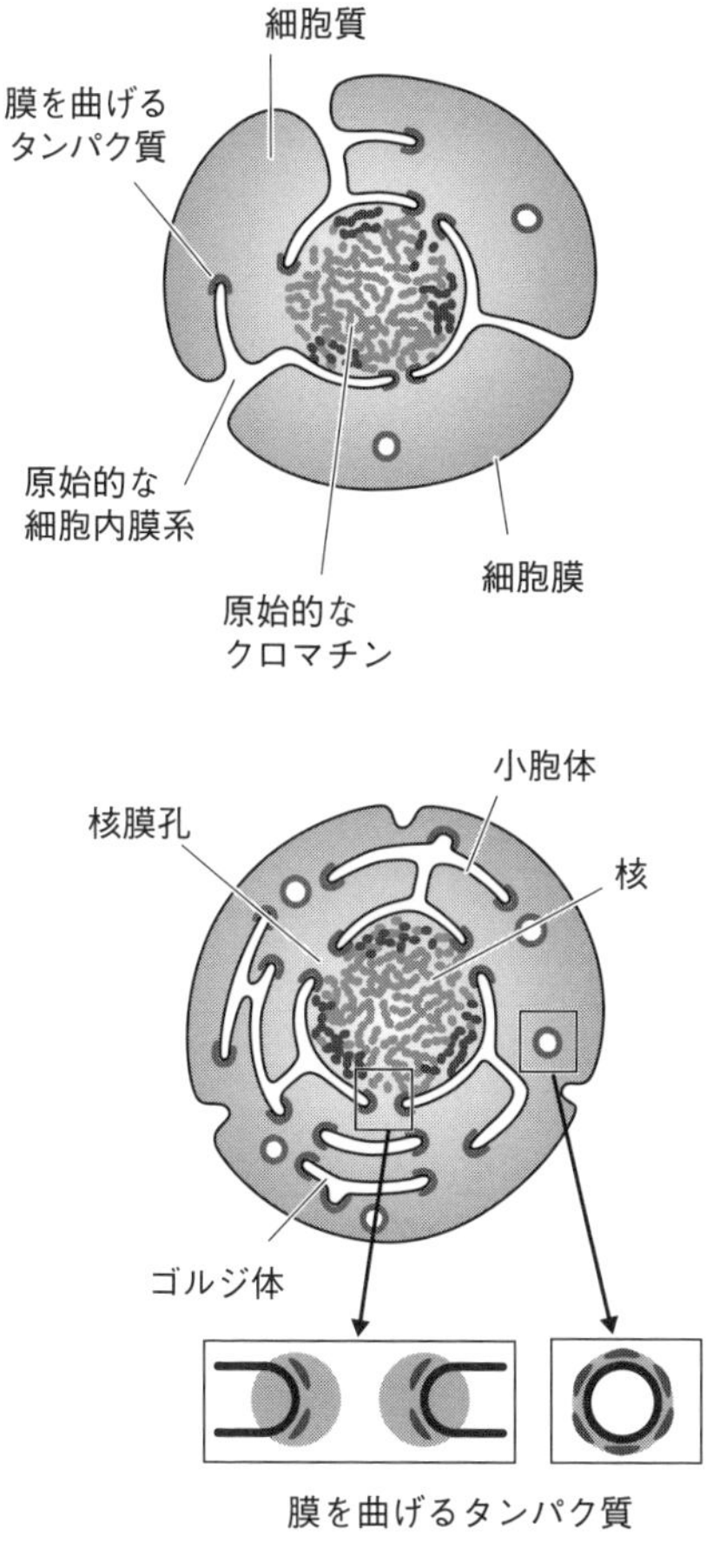

図8·1　「膜を曲げるタンパク質」の登場

4　ウイルスの膜融合システムが起源の可能性

ここまでで述べたように、ＳＮＡＲＥという膜タンパク質は、小胞輸送というシステムを動かすのに、かなり重要な役割を担っている。ここで、本書の1章で出てきたウイルスの話を思い出していただきたい。ウイルスは、感染する生物（宿主）に自身を複製してもらうために、宿主となる生物の細胞膜に張りついて自身の遺伝情報を宿主の中に注入するということだった。ウイルスの中にも、細胞と同じ脂質二重層による膜をもっているものがたくさんあるのだけれど、そういったウイルスが自身の中身（遺伝情報）を宿主に注入するためには、ウイルス自身が宿主の細胞膜と膜融合する必要がある。このウイルスがもつ膜と細胞膜が膜融合するときに使われているしくみが、輸送小胞と細胞小器官が膜融合するときのしくみとよく似ているのである。実はウイルスは膜の表面にＳＮＡＲＥとかたちがたいへんよく似たタンパク質をもっていて、これを使って宿主の細胞膜と膜融合しているのである（図8・2）。

ウイルスは、いつの時代から地球上にいるのだろうか？　ウイルスの中には、原核生物に感染するものもいることから、真核生物よりも早い時期に出現したと考えられている。それでは、真核細胞が獲得した小胞輸送のシステムは、ウイルスの膜融合システムを起源としているのだろう

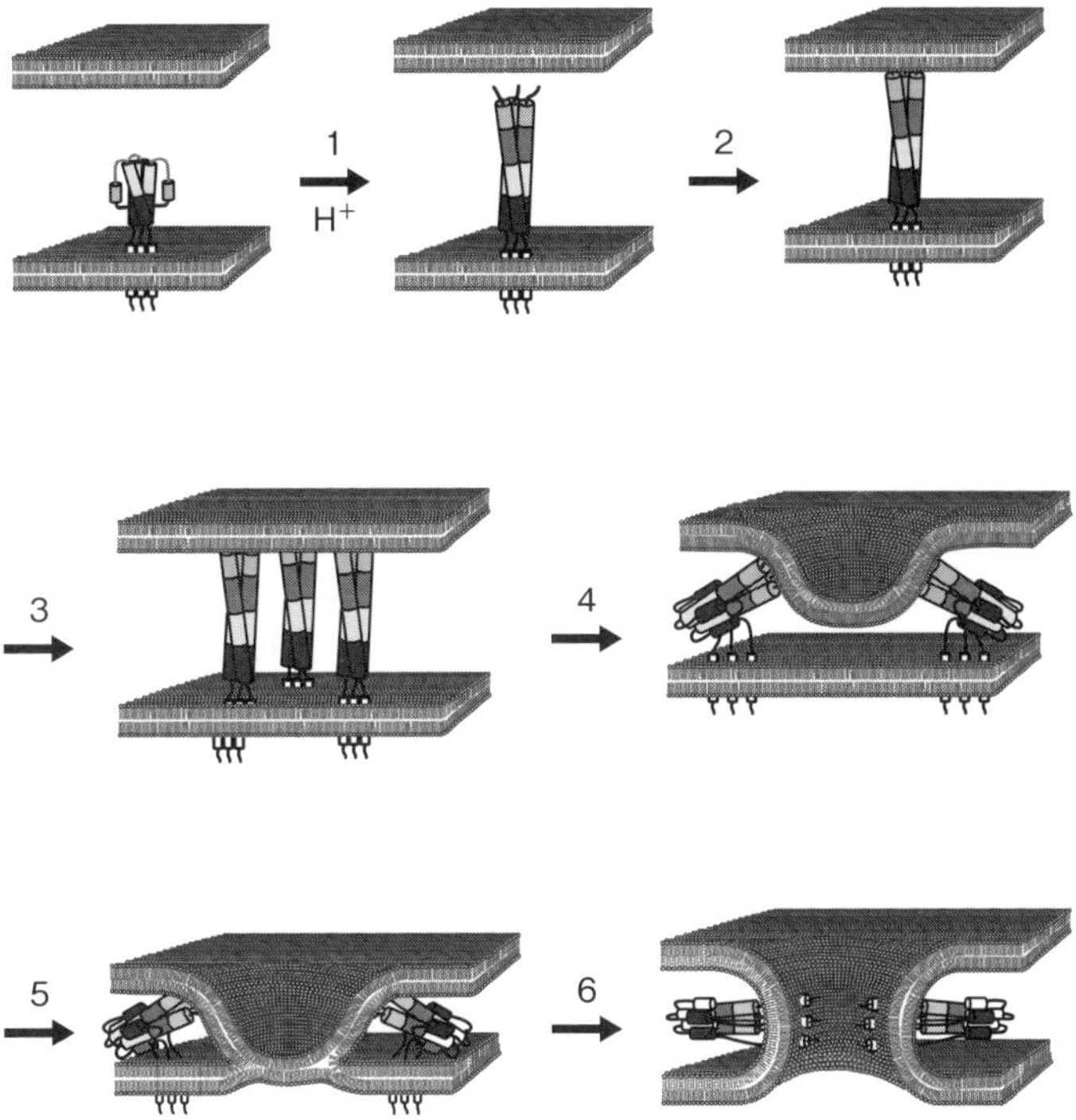

図8·2　膜融合を引き起こすウイルスの膜融合タンパク質
Doms, R. W. and Moore, J. P. (2000) J. Cell Biol., **151**: F9-F13 より改変。

か？　残念ながらこの疑問に答えられるだけの材料がない。ウイルスは宿主の免疫系から逃れるために、自身を構成する部品――タンパク質を激しく「変異」させ続けているため、元が何だったのかというのを探るための進化学的な解析をするのが難しいからである。

5　細胞内共生と膜分化は同時に起こった？

細胞膜の陥入や小胞輸送によって始まった、細胞核や小胞体、ゴルジ体、エンドソーム、リソソーム（液胞）といった細胞小器官の獲得は、ほぼ同時期に起こったのかもしれないということなのだが、それでは、細胞内共生による、ミトコンドリアや葉緑体の獲得と、これら細胞核や小胞体、ゴルジ体、エンドソーム、リソソーム（液胞）の獲得については、どちらが先に起こったのだろうか？　これらの獲得についても、それぞれ時間的な隔たりがあっても良いはずだ。

現在の地球上に、実は、ミトコンドリアをもたない真核生物がいくつか見つかっている。たとえば、ヒトの腸管に寄生して下痢を起こすランブル鞭毛虫などが知られている。このことを根拠に、細胞膜の陥入によって細胞核、小胞体、ゴルジ体、エンドソーム、リソソームが形成されたのが先で、その後の時代に、好気性細菌の共生によってミトコンドリアを獲得した、と考えられていた時代があった。ところが、その後の研究で、それらのミトコンドリアをもたない真核細胞に、かつてミトコンドリアをもっていた痕跡が見つかったのである。つまり、その真核細胞は最初からミトコンドリアをもっていなかったわけではなく、元々はミトコンドリアをもっていたのだけれど、後の時代にいらなくなって捨ててしまった、ということがわかったのである。

これらのミトコンドリアを失った真核生物のほとんどは、ヒトなど哺乳類の腸管に寄生する生物である。そもそも、生物が腸管を獲得したのは、真核細胞が出現してからだいぶ後の時代のことであり、そこに最初に寄生した生物はまだミトコンドリアをもっていたのだろう。しかし、腸管の中は低酸素であるため、そのような環境では酸素を使ってエネルギーを生産するミトコンドリアを維持するメリットはなかったのかもしれない。

これに対して、これとは逆のパターンの、ミトコンドリアはもっているのだけれど、細胞核、小胞体、ゴルジ体、エンドソーム、リソソーム（液胞）のセットはもっていない、という細胞については、現在のところちゃんとしたものはまだ一例も見つかっていない。ミトコンドリアではたらくタンパク質の設計図となるＤＮＡのほとんどは細胞核に渡してしまっているため、既存の真核細胞がミトコンドリアだけを残して、細胞核、小胞体、ゴルジ体、エンドソーム、リソソームのセットを捨ててしまうわけにはいかない。また、小胞体、ゴルジ体、エンドソーム、リソソームは、前述のように小胞輸送がつくり出す膜の流れによって「動的な平衡状態」が保たれているので、これらの一部分だけを失うことは難しそうである。そのため、ミトコンドリアをもたない生物のように、二次的に小胞体（とそれと物理的につながった細胞核）、ゴルジ体、エンドソーム、リソソームを失う可能性というのは低いように思われる。

もし、原始真核細胞が最初に獲得した細胞小器官が、細胞内共生によるミトコンドリアで、その後に、細胞核、小胞体、ゴルジ体、エンドソーム、リソソームを獲得したのだとする。この場合、現在、ミトコンドリアだけしかもたない細胞がただの一例も生き残っていないという事実はどういうことだろうか？　最初にミトコンドリアのみを獲得した細胞というものがいたとして、そのすべてが、進化上まったく枝分かれすることなく、その後の時代に、細胞核、小胞体、ゴルジ体、エンドソーム、リソソームを獲得して現在の真核細胞となった、ということになるのだろうか？　細胞がミトコンドリアだけをもっていることは、その細胞にとって生存上何か著しく不利なことがあり、速やかに細胞核、小胞体、ゴルジ体、エンドソーム、リソソームのセットを導入したということになるのだろうか？　いずれにしても、細胞内共生によって、ミトコンドリアだけを先に獲得した、という説を主張するにはいろいろと無理がありそうだ。

ということで、現在のところ、細胞内共生によるミトコンドリアの獲得と、細胞膜の陥入による細胞核、小胞体、ゴルジ体、エンドソーム、リソソーム（液胞）の獲得は、どちらが先であったかはまったくの謎である。少なくとも、細胞内共生と膜分化による細胞小器官の獲得は、長い期間をかけて徐々に成し遂げられたことではなく、ほぼ同時期に起こったことである可能性が高いようだ。そうだとすると、そんな大きな変化が一つの細胞で同時期に起こる確率というのは恐ろしく低いものになるのではないだろうか。

6　交換されたリン脂質の謎

さらにもう一つ不可解な事実がある。真正細菌の細胞膜はエステル型脂質というリン脂質分子からつくられているのに対して、古細菌の細胞膜はこれとは異なるエーテル型脂質というタイプのリン脂質分子からつくられていて、両者はまったく異なるもの、ということだった。真核生物の直接の祖先が古細菌であるのだとすると、真核細胞のもつ細胞膜も古細菌と同じエーテル型脂質が使われていても良さそうだ。ところが、真核細胞の細胞膜は真正細菌の細胞膜と同じエステル型脂質からつくられているのである。細胞膜だけではなく、真核細胞のもつ細胞小器官をつくる膜もすべてエステル型脂質からつくられている。どこで、どのようなタイミングで入れ替わってしまったのだろうか？　真核生物にとって、古細菌タイプの膜よりも、真正細菌タイプの膜の方が、なにか有利なことがあるのだろうか？

真核細胞のもつ細胞小器官のうち、ミトコンドリアや葉緑体は、もともと真正細菌が共生したものを起源としているということだった。ということは、考えられる入れ替わりのタイミングとして、この共生した真正細菌がもち込んだ細胞膜（エステル型脂質）をつくるシステムが、その宿主である古細菌の細胞膜をつくるシステムとごっそり入れ替わった、という可能性が考えられる。しかし、依然としてその経緯も理由もわかっていない。

9章　多細胞生物の出現：真核細胞だけが許された進化

1　真核細胞が手に入れた大きなメリット

奇跡とも思える偶然から誕生した真核生物は、その後、どのような進化の道を辿ったのか？　地球上で「高等な生物」とされているものをちょっと思い浮かべていただきたい。いくつかの哺乳類を思い浮かべた方が多いと思うのだが、いずれにしてもそれらは例外なくすべて、多くの細胞が集まって一つの生物個体を構成している「多細胞生物」ではないだろうか。「この単細胞が！」と人を罵倒するフレーズがあるくらい、単細胞生物には能力がないことになっている。高等生物が出現して、それが高い知能をもつためには、単細胞生物から多細胞生物への進化が不可欠であったということは明らかである。

地球上の生物をつくっている細胞には、原核細胞と真核細胞の2種類があるということだったが、このうち多細胞生物をつくっている細胞は、例外なく真核細胞である。原核細胞が寄り集まって多細胞化した生物というのは、地球上で一例たりとも見つかっていない。原核細胞からなる原核生物は、すべて単細胞生物なのである。

これに対して、真核生物の場合は、単細胞生物と多細胞生物の両方が存在している。つまり、原核細胞は多細胞化しようにも、何かしらの不都合があるためそれができなかったのではないか、と推測することができる。そこに、真核細胞という形態の細胞が出現して、この細胞は多細胞化するのに何の支障もなかったため、それらの細胞が集まって一つの生物をつくるという多細胞化が初めて可能になったことになる。

原核細胞と真核細胞とで、多細胞化できなかった要素、そして多細胞化を可能にした要素とは何だろうか？　これを、生体膜の視点から、原核細胞と真核細胞を比べて考えてみることにする。両者で大きく異なる点は、細胞小器官をもっているか、もっていないか、の違いと、それらの細胞小器官の間を結ぶ小胞輸送のしくみをもっているか、いないか、の違いである。現存する多細胞生物の構造やしくみを見てみると、これら両方とも、細胞が多細胞化するのに欠かせない性質であったようである。

まず、そもそも細胞小器官を獲得したことによって、真核細胞にはいくつかのメリットが発生した。

真核細胞がもつさまざまな細胞小器官は、それぞれに別々の役割を担っている。大ざっぱには――小胞体：タンパク質合成、ゴルジ体：タンパク質の翻訳後修飾、エンドソーム：細胞外からの物質の取り込みや細胞膜―リソソーム間の中継役、リソソーム（液胞）：分解反応、ミトコンドリア：エネルギー生産、――という感じだ。これら以外にも、植物細胞がもつ葉緑体や、先に述べた分泌顆粒、多くの酸化反応を専門に担っているペルオキシソームなども知られている。
原核細胞の中は、細胞小器官のような仕切りがないため、すべての分子がごちゃ混ぜの状態になっていて、あらゆる生体反応をすべて同じ反応条件で行うしかない。それに対して、真核細胞の場合は、それぞれの細胞小器官の中で、それぞれが担っている役割（反応）に適した環境をつくりだすことができるし、また、細胞小器官ごとに別々の反応を並行して行うことができるようになった。仕事を最適化された環境で、なおかつ分業できるようになったのである。さらに、細胞にとって不要となった分子を分解する反応というのは、必要な分子まで分解してしまうという危険性を伴っているのだけれど、この危険な反応を、リソソーム（液胞）という他とは隔離された区画の中で安全に行うことができるようになった。壊れてしまったり、いらなくなった分子は、すべてリソソーム（液胞）に送り込めばよいのである。これらのメリットだけでも、真核細胞は原核細胞に比べて充分に高機能化されたものであると感じられるだろう。

さらに、真核細胞が細胞小器官を獲得したことが、多細胞化するために決定的に重要だったと考えられるメリットがある。細胞小器官を獲得して膜を細胞の内側にももつことができるようになったことによって、真核細胞は膜を必要とする生体反応を細胞の内側にも分散させることができるようになったのだ。その中でも、特にメリットが大きかったと考えられるのが、ミトコンドリアを獲得したことであろう。すべての生物が共通して利用しているエネルギー（ＡＴＰ）を効率よくつくるためには生体膜が必要である、ということだった。原核細胞では主として細胞膜で行わなければならないＡＴＰ生産を、真核細胞は細胞の内側の膜で行えるようになったのである。このことがどのようなメリットとなったのか？

細胞が多細胞化するためには、細胞と細胞が接触した状態をつくらなければならないのだが、細胞どうしが接触した領域の膜は、ＡＴＰ生産の源となるイオン勾配をつくることができなくなる、あるいは著しくその効率が悪くなる。つまり、ＡＴＰ生産の大部分を細胞膜でしか行えない原核細胞にとって、多細胞化すればするほど、細胞膜でつくることができるＡＴＰが減ってしまうことになるのだ。原核生物が多細胞化しなかった、いや、できなかった最大の理由は、この膜を使ったエネルギー生産で極端に不利になってしまうというところにあるのではないだろうか。

これに対して、真核細胞ではＡＴＰ生産の大部分が、細胞内部のミトコンドリアの膜で行われる。そのため、多細胞化していくら細胞どうしが接触したとしても、細胞内部のミトコンドリアの膜の表面積には影響しない。かつて古細菌（始原真核細胞）は、自身の細胞膜を陥入させたときに、ＡＴＰ合成酵素を細胞膜には残さず、リソソーム／液胞に移してしまった。そして、

ＡＴＰ生産のほとんどをミトコンドリアに任せてしまうという選択をしたのだけれど、それが多細胞化するのに偶然都合が良かったわけだ。偶然——というのは、真核生物には単細胞のものもいるのだけれど、それらの単細胞真核生物も、ＡＴＰ合成の機能を細胞膜に残していないからである。

また、細胞は小胞輸送というしくみを獲得したことにより、多細胞化に際してどのようなメリットがあったのだろうか？　多細胞化してそれが生物の一個体となった場合、全体としての統制をとるために、それぞれの細胞間で情報をやりとりするためのしくみが必要になることが想像できる。真核細胞は、獲得した小胞輸送のしくみを細胞内の細胞小器官の間で物質をやりとりするためだけに使うのではなく、実はこのしくみを細胞の外にも広げて、細胞間の情報伝達にも使ったのである。

ゴルジ体やエンドソームからつくられる輸送小胞の一部は、細胞膜と膜融合することによって、その輸送小胞の中身を細胞の外に放出することができる。あるいは、情報伝達に特化した細胞（神経細胞など）では、その分泌物質の詰まった輸送小胞を細胞内に一時的に貯留しておき（これを分泌顆粒という）、外部からの刺激に応答して細胞膜と融合させることによって、分泌物質を一気に細胞外に放出するものもある。その放出された分泌物質を、たとえば隣の細胞の細胞膜表面

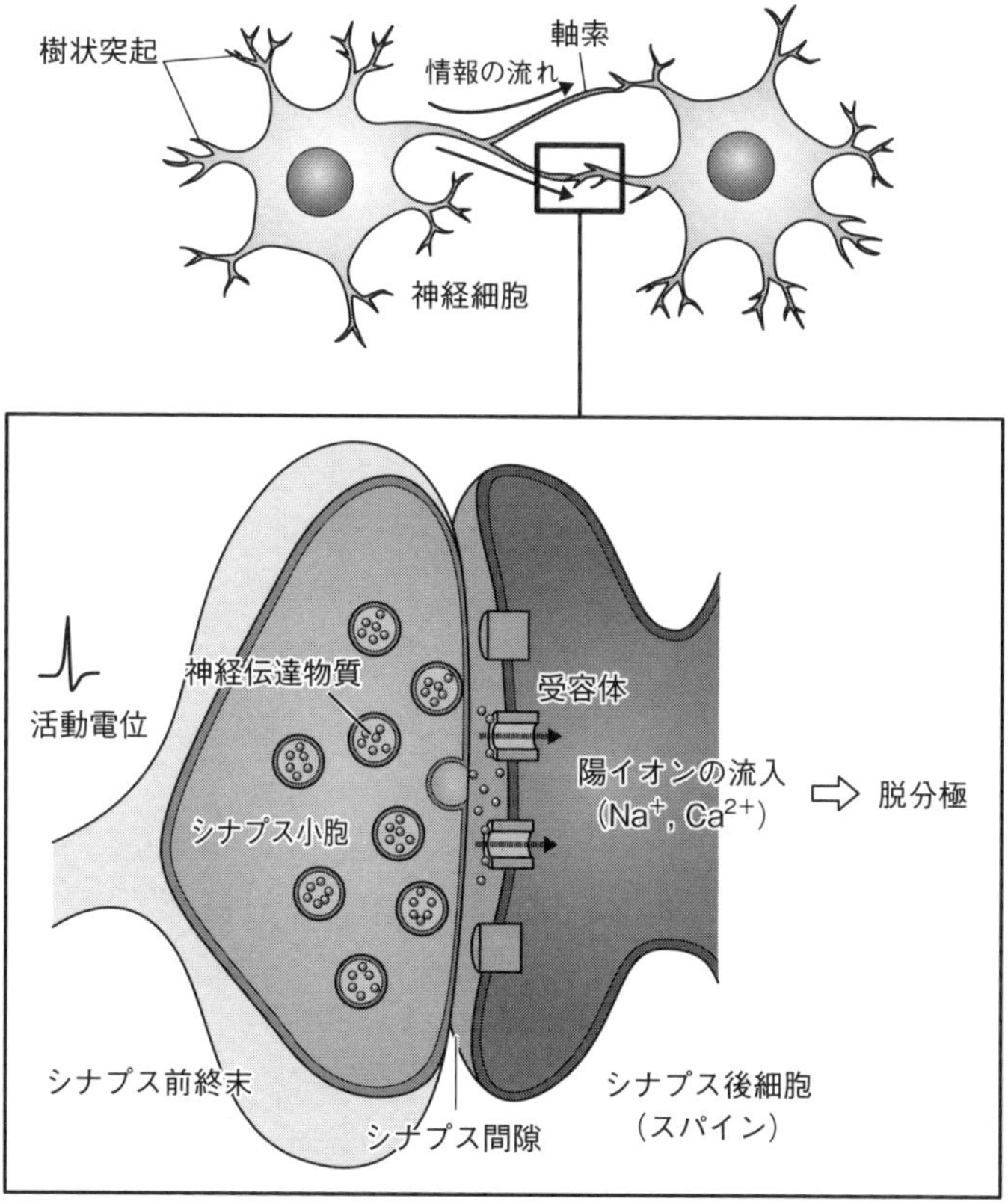

図9·1　小胞輸送が実現した神経伝達

にある受容体が受け取れば、細胞間での「通信」が可能となるわけだ。

原核生物も、細胞膜に低分子物質を排出するチャネルタンパク質や、タンパク質膜透過装置をもち、物質を細胞外に放出することができる。しかし、これらの「孔」を通すタイプの輸送では、物質を1分子ずつしか放出することができない。これを使って情報伝達をしようとしても、放出される分子の濃度を一気に上昇させることができないので、周辺の細胞がそれをすばやく感知することが難しい。これに対して、小胞輸送のしくみを使えば、大量の分子を膜にくるんで一気に放出することができる。実際、神経細胞の間で行われているシナプス伝達とよばれる情報伝達の方法は、この小胞輸送のしくみそのものであり、これによって高度な脳の進化が可能となったのである（図9・1）。

真核細胞は、小胞輸送のしくみを細胞外にも広げたことによって、異なる細胞間で物質や情報のやりとりができるようになった。これによって多細胞生物では、細胞集団ごとにその役割を分担して「組織」を構築することができるようになり、また、神経系が構築されて高度な情報処理ができるようになったのである。

2　SNAREを切断してしまう毒素

ボツリヌス菌という真正細菌がいるが、この細菌はボツリヌス毒素とよばれる文字通り毒素となるタンパク質をつくる。この毒素がターゲットとしているのが、実は真核生物がもつSNAREなのである。神経伝達は小胞輸送のしくみそのものであるが、このボツリヌス毒素は、神経細胞が神経伝達物質を細胞外に放出するときに使うSNAREを特異的に切断してしまうのだ。こ

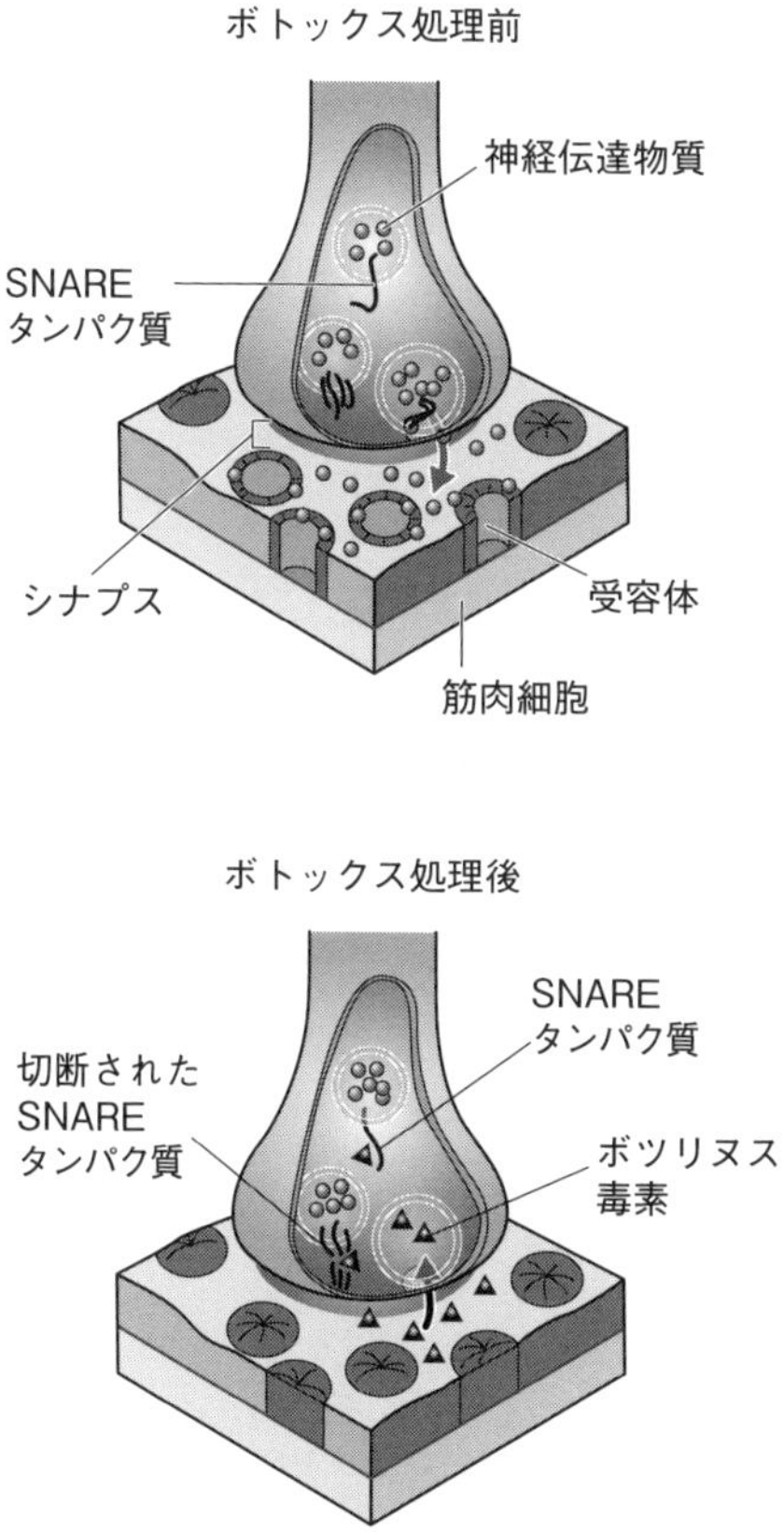

図9·2　ボトックス処理による神経伝達の遮断

れによって、ボツリヌス毒素を浴びた神経細胞からは神経伝達物質の放出が止まってしまい、神経伝達が遮断されるのである。

このボツリヌス毒素は「毒」なのだけれど、これをものすごく薄めたものが医薬品として使われている。「ボトックス」とよばれるもので、よく美容外科で使われているものだ。他に害が出ない程度にまで薄めたボツリヌス毒素を局所注射すると、その部分の筋肉を動かす神経系をブロックしてしまうため筋弛緩作用をあらわす。これを顔にある表情筋とよばれる筋肉に注射してそのはたらきを弱めてやると、その部分に「シワ」ができにくくなるのである。もちろん、切断されたＳＮＡＲＥは徐々に再生されるので、時間がたてば神経伝達も復活する（図９・２）。

10章　真核細胞誕生の確率：それは「奇跡」の可能性さえある

地球上に最初に出現した原核生物の形態をした細胞は、多細胞生物へと進化するのにはあまりにも不利な形態であった。多細胞生物の誕生が、高等生物の出現、さらには知的生命へと進化するための絶対条件であり、その多細胞化を可能にしたのは真核細胞という形態の細胞が出現したことである、ということは納得いただけただろう。

この真核細胞が出現するときに、細胞小器官の獲得という一大イベントがあったのだけれど、細胞内共生によるミトコンドリアの獲得と、細胞膜の陥入による細胞核、小胞体、ゴルジ体、エンドソーム、リソソームの獲得は、どちらが先であったのかはよくわからない、ということだった。どちらか一方のセットのみをもった、いわば「進化の中間体」といえるような細胞がこれまでに見つかっていないからだ。

細胞核、小胞体、ゴルジ体、エンドソーム、リソソームのセットのみをもつ細胞、あるいは、ミトコンドリアのみをもつ細胞、のどちらかが最初に出現したとして、それらの「生き残り」が一例も見つかっていないということはどういうことだろうか？　これはもしかしたら、そもそもどちらか一方のセットだけを獲得した細胞というのは存在しなかった、ということを意味してはいないだろうか？　つまり、真核細胞の誕生には、ミトコンドリアとなる好気性細菌の細胞内共生と、細胞膜の陥入による細胞核、小胞体、リソソームの獲得、そして小胞輸送のシステムが構築され、ゴルジ体、エンドソームを獲得することが、ほぼすべて同時に起こらなければならなかった、ということだ。

そうだとすると、真核細胞が誕生するためには、雷にうたれるほどの確率である偶然がいくつも重なる必要がある。

地球が誕生してから、およそ5億年後には原核細胞の形態をした生命が出現したのだが、それから20億年以上もの間、原核細胞は原核細胞のままであった。この間に古細菌の出現があったのだけれど、多細胞化できるようになった形質を獲得したわけでもなく、進化という視点からは大きな変化と言えるものではなかった。それが突如、真核細胞というものが出現し、この細胞は多細胞化するのに適した形態をしていた。このたった一つの祖先からあらゆる真核生物——菌類、昆虫、植物、動物など多様な生物が出現したのである。

真核細胞はその内部に細胞小器官を獲得するとともに、それらを結ぶ小胞輸送という効率の良い独自の輸送システムを構築し、原核細胞と比べるとはるかに複雑なシステムを獲得している。その多くのシステムを駆動するタンパク質は、原核生物がその痕跡さえもっていない新しい遺伝子としてコードされている。ところが、原核細胞がこれらの複雑なしくみを徐々に獲得していったという形跡はまったくなく、原核細胞から真核細胞に至るまでの進化の中間体は、この地球上で一つとして見つかっていない。いわゆる「ミッシング・リンク」である。しかも原核細胞は、その15～20億年ほど前にたった一度だけ、しかもたった1種類の真核細胞へと進化を遂げたきり、地球上に誕生してから現在に至るまでの40億年もの間、他の形態へと進化した形跡は見られないのである。

地球上にはさまざまな環境があり、それら個々の環境に棲む生物に、生きてくのに適した進化が次々に起こるのであれば、種々の環境ごとに異なるタイプの真核細胞……現在の真核細胞がもつものとは別の細胞小器官のセットをもったものや、別の物質輸送、情報伝達のしくみをもった真核細胞が出現していてもよいはずだ。しかし、現在地球上に生きる真核生物は明らかに単系統なのである。

もちろん、別のタイプの真核細胞が無数に出現し、現在生きている真核細胞のグループだけが唯一生き残った——他のものは何かの理由で死に絶えてしまった——という可能性もある。そうだったとしても、なぜそれらの痕跡がまったく見つからないのか……これを説明するのはとても難しい。

つまり、始原真核細胞となった古細菌の細胞膜に、膜自身の変形や、外から共生生物の侵入が起こりやすくなるような条件が、15～20億年ほど前の地球のごく限られた範囲で、何らかの偶然でたった一度だけ奇跡的に整うような場面があり、そのときに細胞膜の陥入による膜構造の変化と、好気性細菌の侵入が同時に起こった、という可能性も充分に考えられる。このただ一度の偶然の機会に生じた細胞から真核細胞が誕生した、というストーリーを否定する材料は今のところ何もないのである。

真核細胞の直接の祖先となったのは古細菌であるということだったが、真正細菌を直接の祖先とする真核細胞は出現していない。少なくとも、そういったものはこれまでに見つかっていないし、真正細菌が出現してから現在に至るまでの何十億年もの間にも、そういった進化は起こっていない。ということは、真正細菌に侵入して共生に成功した例はない、ということになるし、真正細菌の細胞膜が変化して細胞小器官となった例もない、ということになる。これは、真正細菌のエステル型脂質によってつくられる細胞膜では、他の細胞の侵入や細胞膜の陥入が起こるのに著しく不利なことがあるということなのだろうか？　そして、古細菌の細胞膜のように、エーテル型脂質による脂質二重層でなければ、細胞内共生や膜分化による細胞小器官の獲得は起こり得なかったということなのだろうか？　少なくとも、エステル型脂質のつくる脂質二重層と、エーテル型脂質のつくる脂質二重層の構造を見比べてみても、思い当たる原因は見られない。

あるいは、何らかの理由で、エステル型脂質とエーテル型脂質という、別の種類の分子からつくられる生体膜をもった細胞どうしの組み合わせからしか、細胞小器官の獲得は起こらなかった、という可能性もあるかもしれない。そうだとすると、真正細菌から古細菌への変化（進化）が起こっていなければ、真核細胞の出現はなかったことになる。事実、真正細菌に真正細菌が共生した真核細胞、あるいは、古細菌に古細菌が共生した真核細胞は出現していない。

いずれにしても、細胞をつくっている生体膜を見ただけでも、真核細胞の誕生はいくらでも起こり得たことではないように思えるのである。

私たちが棲むこの天の川銀河だけでも、地球の環境と良く似た惑星の数は百億個とも予想されているそうである。これが宇宙の全銀河となるとそれこそ天文学的な数になる。しかし、そもそも、生命が誕生するための環境が整っていたとしても、その環境で生命が誕生する確率を見積もるのはものすごく難しい。地球以外の例をわれわれは知らないからだ。

もし、地球上に誕生した生命が、われわれの共通祖先の他に複数系統あったのであれば、地球とよく似た環境の惑星があれば、そこになんらかの生命が誕生する可能性は高そうである。そんなにたくさん地球とよく似た環境の惑星があるのであれば、少なくとも原核細胞のような単純な形態の「生命」は宇宙の至るところにいてもおかしくないだろう、という考えに至るのは自然なことだ。しかし、この地球上に実際に出現した生命は、脂質二重層を骨格とする細胞からなり、酸化還元反応からつくったＡＴＰをエネルギーとして使い、核酸をもとに自己複製をする、というわれわれの共通祖先となった生命のたった1系統しか確認されていない。この共通祖先の誕生が、地球上でのみ起こったとてつもない偶然だったのか、あるいは宇宙のどこでも起こりうる出来事の一つだったのか、ということについての判断は、現状ではとても難しいのである。

さらに、運良く誕生した生命が知的生命にまで進化できるかどうかについては、その生命がクリアしていなければならない条件がある。

まずは高度な情報処理を行うために、高効率にエネルギーを獲得できるしくみを備えられる構造になっているか、という条件が挙げられる。地球上に現在生きている生物は、生存に必要なエネルギーのほとんどを、どういうわけか脂質二重層のもつ性質をうまく利用して――イオンの流れを使って生産している。この方法を使うと、かなり高い効率で安全にエネルギーを生産することができるのだけれど、原核生物はこのエネルギー生産を、自身がもつ唯一の膜――細胞膜でしか行うことができなかった。そのため、この形態のままでは、イオンの流れを妨げるような構造をとること、つまり細胞どうしが寄り添う多細胞生物の形態をとることができなかった。ところが、このエネルギー生産を行う膜を細胞内に取り込んだ細胞――ミトコンドリアをもった真核細胞が出現してきたため、細胞膜でエネルギー生産を行う必要がなくなり、細胞どうしを接着させて多細胞化することができた。

さらに、多細胞化した場合、細胞間でさまざまな連携をとるために情報や物質をやりとりするしくみが必要となってくる。これが行えるような、効率の良い情報伝達、物質輸送のしくみが備えられる構造になっているという条件も満たしている必要がある。これも、脂質二重層のもつ性質を利用して、小胞輸送という効率の良い情報伝達、物質輸送のしくみを構築することができた。

地球上に最初に出現したわれわれの共通祖先が、脂質二重層の膜を使っていなければ、われわれはいまだに原核生物のような単細胞の単純な生命のままだったかもしれない。

もし、地球上に誕生した原核細胞が、真核細胞とは別のタイプの「高機能な細胞」へと進化したパターンが他にいくつか見られるのであれば、地球とよく似た環境の惑星で、最初の生命さえ誕生してしまえば、それが複数のタイプの高機能な形態へと進化する可能性は高いだろう。そして、その中から知的生命へと進化する条件を満たすものが出てきて、宇宙の至るところに無数の知的生命が誕生していてもまったく不思議はない。

しかし、地球での例をみる限り、原核細胞の形態をもった生物からは、現在の真核細胞の形態にだけしか進化していない。少なくとも、この40億年ほどの間には原核細胞→真核細胞というたった一つのパターンの進化しか起こっておらず、原核細胞から進化したものが繰り返し出現してはいないのである。

宇宙の誕生が今からおよそ１３８億年前とされているので、この40億年という時間は決して短くはない。このタイムスケールでしか真核細胞のような高度な機能をもった細胞が現れないのだとすると――真核細胞が出現したことは、生命の誕生自体よりも稀な「奇跡」のできごとだったかもしれないのである。

われわれは地球で起こった例しか参考にすることができないのだけれど、少なくとも現在地球上に棲む生物は共通してたった一つの分子構造――脂質二重層の膜しか使っていない。過去にこれとは異なる形態の膜をもった生物が出現したことがあるのか、あるいは生物をつくる膜として別の分子構造のものがあり得たのか、についてはわからない。

1章で、「生物ではない」としたウイルスの中には、脂質二重層（エンベロープという）を仕切りとして使っているものの他に、タンパク質でできた「板」のような構造体を貼り合わせて、外界との仕切り（カプシドという）をつくっているものがある（図10・1）。つまり「殻」である。このような、タンパク質でできた「仕切り」は、もしかしたら、地球上の生物をつくる膜として、「あり得た」ものかもしれない。ところが、この膜ではイオンの濃度差を使った高効率のエネルギー生産は行えない。現在地球上に生きる生物がもつしくみで、脂質二重層を使ったエネルギー生産方法に変わるものとしては、発酵というたいへん効率の悪い方法しか出現していない。また、この形態の膜を使った細胞は、多細胞化はできるのかもしれないが、その多細胞化した細胞間をつなぐ情報伝達、物質輸送のしくみについては、小胞輸送を構築することができないので、まったた

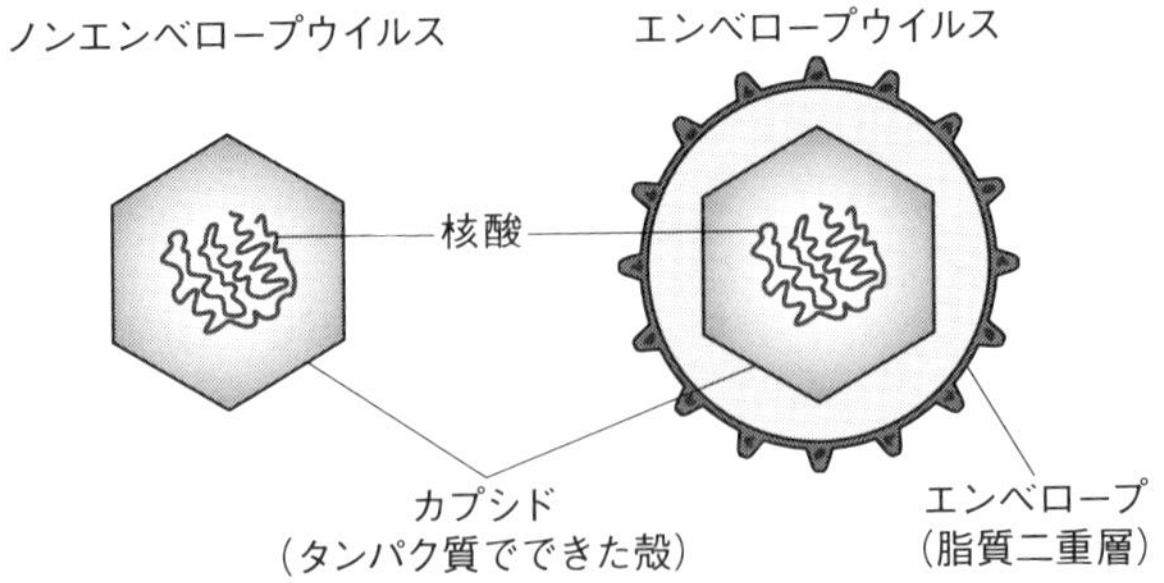

図10·1　ウイルスの2種類の基本構造

く違ったしくみを用意する必要がある。このような「殻タイプ」の膜をもった生物が、知的生命へと進化できる可能性はそれほど高くないように思える。

つまり、この地球上に知的生命が誕生したのは、原核細胞が奇跡的に整った条件で運よく真核細胞という形態の細胞へと進化を遂げられたこと、しかもそれは、最初に誕生した原核細胞がたまたま運よく脂質二重層の膜を使っていたから起こり得たこと、というように、すごく確率の低い偶然がいくつも重なった結果のように思えてしまうのである。

1章で述べたように、本書では生体膜からの視点でしか捉えていない。生命の誕生、進化に関係していそうな、系統学、人類学、地球科学、宇宙科学などからの視点を加えると、知的生命が誕生する確率はさらに下がるかもしれない。いずれにしても、生命の根源ともいえる細胞のレベルから見ただけでも、知的生命の誕生は奇跡的な偶然が重なったものと思えてしまうのである。

11章　生命の起源との関係：「ワールド仮説」との関係

生物をつくる元となっている分子は、大きく分けると核酸、タンパク質、脂質の3種類があるのだから、これら物質のうちのどれかが地球上に出現したことが生命誕生のきっかけとなった、ということから生命誕生のシナリオを考えようという、いくつかの「ワールド仮説」とよばれているものがある。

たとえば、タンパク質（プロテイン）のような、さまざまな触媒機能や、機械的な運動を生み出す能力をもった分子の出現が、生命誕生のきっかけであるとするのが、「プロテインワールド仮説」である。

これは、1950年代に行われた「ユーリー・ミラーの実験」として知られる有名な実験の結果がもとになっている（図11・1）。この実験では、原始地球の大気組成と同じ成分をフラスコに封じ込め、そこに雷を模した放電を繰り返す（原始地球では雷に加えて、紫外線、宇宙線による刺激もあったと思われる）。すると、タンパク質をつくる材料となるグリシン、アラニン、アスパラギン酸、バリンといったアミノ酸が生成されてくるのだ。しかもこれらのアミノ酸をつなげると、触媒活性をもったペプチド（アミノ酸がつながったもの――小さなタンパク質と考えてよい）を実際につくることができる。ということは、地球上にまずタンパク質が最初に出現して、

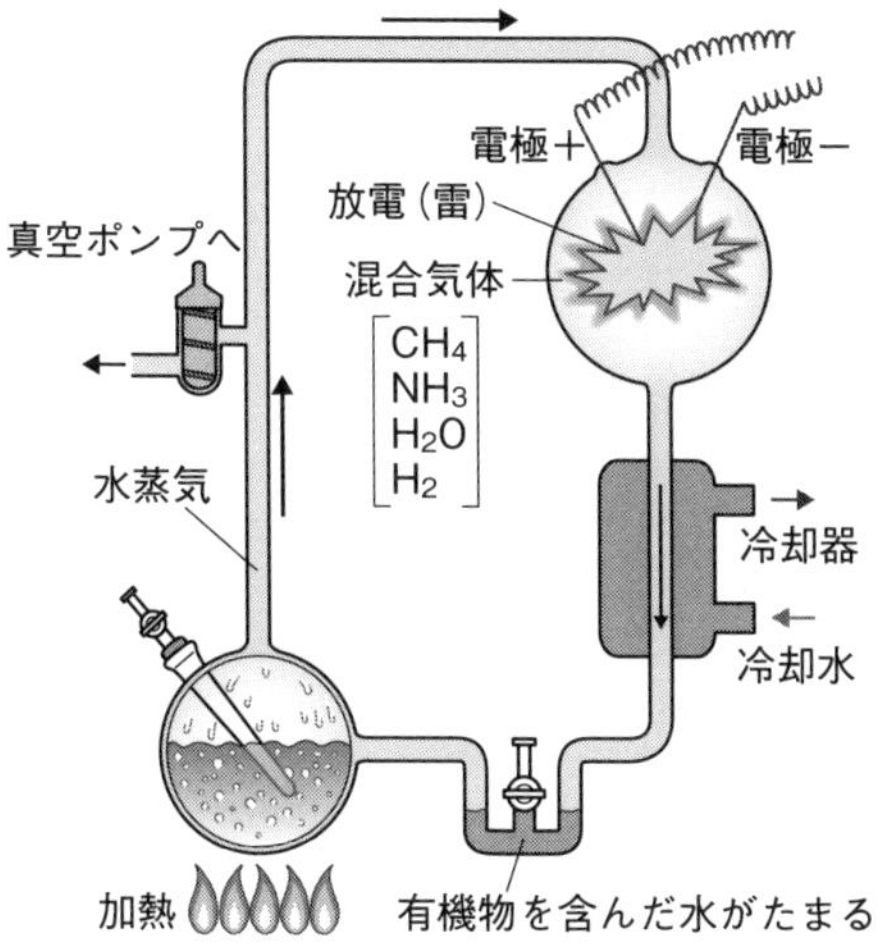

図11･1　ユーリー・ミラーの実験

それが生命誕生のきっかけとなったのではないか、というのが「プロテインワールド仮説」である。

また、核酸（ＤＮＡやＲＮＡ）には遺伝情報が書き込まれているのだが、そのような情報を担う物質が先に出現したと考えるのが「ＤＮＡワールド仮説」や「ＲＮＡワールド仮説」である。当初は、遺伝情報を保存する能力しかもたないとされていたＤＮＡやＲＮＡが、実はタンパク質のような触媒活性をもつことが、ＲＮＡについては１９８０年代初め頃、ＤＮＡについては２０００年代初め頃に発見されたのである。特にＲＮＡについては、ＲＮＡ分子に結合したアミノ酸を、別のアミノ酸に結合させる能力をもったものもある。さらに、アミノ酸をつなげてタンパク質の合成を行うリボソームというのは、RNAとタンパク質からつくられている分子装置なのだけれど、実際にアミノ酸どうしを結合させる反応を担っているのは、リボソームを構成するRNAの部分である。

これらのことを根拠に、生命のはじまりは、情報担体と触媒機能の両方を行うことができるDNAやRNAが主役であった、というのが「DNAワールド仮説」「RNAワールド仮説」である。あるいは、これら「プロテインワールド仮説」「DNAワールド仮説」「RNAワールド仮説」を組み合わせたハイブリッド版の仮説も出てきている。

これらの仮説と並んで、脂質分子（リピッド）のような境界をつくる分子の出現が生命誕生につながったとする「リピッドワールド仮説」というものがある。脂質分子がつくる膜小胞のような単純な袋状の構造体が最初に出現し、後に出現した核酸やタンパク質を徐々に取り込んで自己増殖能を獲得したのが生命のはじまりである、という考え方だ。

DNA／RNAやタンパク質などの物質は、分子としてはかなり複雑な構造をしているため、これらが出現するまでには地球誕生からある程度の時間が必要であったのではないか、ところが、脂質分子はこれらに比べると単純な分子構造をしているため、原始地球に比較的早い時期に出現することができただろう、という予想が根拠となっている。しかも、脂質分子は先に述べたように、触媒活性など必要なく自己集合して細胞のような閉じた膜構造をつくることができる。そのため、膜小胞様の構造体が最初に出現して、それが生命誕生のきっかけとなった、というものだ。

いずれの仮説もなかなか魅力的なのだけれど、これらの仮説のどれが真実であったとしても、あるいは、すべてが違っていたとしても、本書で述べてきた「脂質二重層を膜として使ったのが生物の進化を決めた」という主張には……実はあまり影響しない。生体膜と関係していそうな「リピッドワールド仮説」でも、最初に出現する脂質分子の構造・性質に特に制約があるわけではない。①イオンをほとんど通さず、②かたちが簡単に変えられ、③二重層になっている、という性質をもった脂質二重層というものが、たまたま膜として使われたことが知的生命へと進化する決め手だった、というのが本書での主張なので、これらの性質のうちの一つ、あるいは複数が欠けた脂質膜であっても「リピッドワールド仮説」は成り立つ。実際、そういった生体膜でも生命自体はつくれるだろう。ただ、地球上の条件では、これまで述べてきたように、エネルギー生産の面から、そして小胞輸送を使った情報伝達の効率の面から、それが知的生命へと進化できる見込みがないだけだ。

このように考えると、生命が誕生する可能性よりも、その誕生した生命が知的生命へと進化できるかどうかの可能性の方がよっぽど低いのではないかと思えてしまう。われわれ人類が、地球上でこのように繁栄しているのは、とてつもない奇跡かもしれないのである。

だから、「地球外生命はいるか?」という問いに対して、きわめて優等生的な答えはこのようになる。「地球以外でほんの一例だけでも生命とよべるものが見つかれば、この宇宙には無数に生命が存在するだろう。しかし、地球以外に生命が見つかっていない今の状況では、われわれ地球の生命が宇宙で唯一の生命である可能性は否定できない。」

さらに、「知的生命は全宇宙でも稀な存在であり、文明はわれわれ人類がもつもの以外は存在しない、という可能性だってある」と付け加えても良いだろう。

おわりに

本書の中で生体膜がもついくつかのしくみを紹介してきたが、そのしくみの発見に対してノーベル賞が贈られている場合には、それについても書き添えるようにした。生体膜がもつしくみの発見、解明に対して、いくつものノーベル賞が贈られていることがおわかりいただけたと思う。それくらい、生体膜に関わるしくみがわかることは、生命科学にとってノーベル賞に値する進歩として認められる場合が多いのである……というのは、賞を取ったことでしか基礎研究が世間に評価されない、という現状を甘んじて受け入れた上での紹介である。

研究者として言っておきたいのは、ほとんどの研究者にとって、ノーベル賞を取ることが研究の本来の目的ではない。もっと大きな目的があり、志がある。それをノーベル賞だけで片付けられてしまうのは、少しだけ寂しい気がする、と多くの研究者は思っているだろう。

この生命科学に関係する研究領域はどんどん広くなってきている。筆者の場合は主に生体膜に関係する分野を研究してきているのだけれど、すでにその隅々まではフォローしきれなくなってきている。それぞれの研究領域で、ここが限界だろうなという境界が見えている領域もあるのだけれど、まだほとんどは、これからどこまで広がっていくのかまったくわからない。

生命科学分野の研究は、もう随分まえから、一人の天才の発想と作業だけでは辿り着けない道筋になっていて、それをみんなで少しずつ切り開いて進んでいる、という感じになっている。

現状このような広がりを見せる生命科学の研究分野の中で、筆者の身近でいうと、最近の学生に人気があるのは、「社会の役に立つ研究」だ。もっというと、自分の実生活や、想定される未来に関係が見いだせるような「今すぐに役に立つ研究」である。マスコミが何かの研究成果を報道するときに、それが基礎研究の成果であっても「この研究は○○の役に立つ」というフレーズを呪文のように唱えるので、多くの若き俊英たちがその魔法にかけられているように見受けられる。これはたいへん素晴らしいことにはまちがいない。社会に貢献できる人間になりたい、そのために自分の未来の時間を捧げようというこころざしは貴重なものである。ただ、少し懸念するのは、とても狭い範囲、自身の生活で見渡せる範囲で「役に立つ」ことしか見えていないのではないだろうか、という点である。ずっと未来の人類のために、というような視点が失われてはいないだろうか。

社会の役に立つ研究——新たな技術やモノをつくりだすような研究に対して、すでに目の前に存在しているけれどよくわかっていないしくみ、たとえば生物のしくみを解明することも、これからまだまだ取り組む余地がある。この種の基礎研究は、ノーベル賞が贈られるようなごく一部のものを除いて華々しく表に現れることは少ないものの、人類の叡智の根幹といえるものだ、と生命科学の研究者は常に感じているだろう。

たとえば、今、ものすごく画期的な技術やモノを発明したとしても、200年後にその技術が残っているかどうかはわからない。今から200年前に発明された技術やモノを思い浮かべてみるとわかるだろう。どんな技術にも限界があり、それを凌駕する別の技術が発明されて、それに取って代わられている可能性が高いことは歴史が証明している。ただ、生物は何十億年も昔からほぼ同じしくみで生きてきている。そして、(絶滅しない限り)これから先の何十億年も、おそらく同じしくみで生きていくことになるだろう。そのしくみをわれわれはまだほんの一部しか知らないのである。この、われわれがまだ知らない生物のしくみを一つ一つ明らかにして新たに得られる知識というのは、これから先、何十億年も真実でありつづけるのである。生物のしくみを解明すること、知ることは、新しい技術やモノを生みだすことと同じくらい価値のあることではないだろうか。

そんなことよりも、食べるもの、病気を治すもの、人が生きるために必要なものの方が大切であり、生命を守ることが最優先されるべきだ、という主張もあるだろう。たしかにそのとおりかもしれない。それでは、そのようなテーマについてだけを研究すれば良いのだろうか？

先進国では巨額の研究費が医学研究に注がれ、さまざまな病気の原因や治療法が探られている。しかしそもそも、われわれヒトの体をつくる真核細胞がどのように進化して現在に至っているのかについてはわかっていない。真核細胞を駆動させている分子装置や、細胞そのものの構造がどのように進化してきたのか、そして今現在、真核細胞を動かしているしくみについても、そのほんのごく一部しかわれわれは知らないのである。それで、病気の根本的な原因解明や治療法の確立が期待できるだろうか。

知識というものは、どのようなものでも基本的にすべて人類の役に立つものであって、それを得るための手段となっているものが、自然の観察と、そこにある道理の発見——基礎科学である。基礎科学というのは、単に知的好奇心の視野を広げるだけのものではなく、その成果もいつか役に立つ時がくる……という、「役に立つかどうか」で価値を決めてしまっている人に対する反論がある。

しかし、そもそも、「役に立つ」というものがどういうものなのかということが曖昧である。「社会の役に立ちたい」と考えている人には、文学、音楽、美術などは役に立っているように見えないのだろうか。人が生きていくのに無関係なものは必要ではない、ということになれば、世の中のほとんどのものは役に立たないものにならないだろうか。

そのような役に立たないものであっても、何千年も昔から人類は、自分たちがどこから来て、どこへ向かっているのか、また、自分たちが棲む宇宙はどのようになっているのかということを――それが哲学や宗教というかたちであったにせよ――考え、知ろうとした。この行為に崇高さみたいなものを感じる感覚こそ、人間独自の能力であり、そのような能力――知性を獲得することができたのは、もとを辿ると……、かなり遡ることになるが……そう、われわれをつくる細胞が「脂質二重層」でつくられているおかげなのである、というのが本書のメッセージである。

最後に、このシリーズの編集委員をされている長田敏行先生には本書の出版の機会を与えていただき、厚くお礼を申し上げる。また、本書をまとめるにあたり、裳華房編集部の野田昌宏氏、筒井清美氏には何かとお世話になった。ここに記して、感謝の意を表したい。

2018年2月

佐藤　健

索　　引

欧　文

ア　行

カ　行

サ　行

著者略歴

佐《さ》藤《とう》　健《けん》

1970年　広島県生まれ
1997年　東京工業大学大学院生命理工学研究科博士課程修了　博士(理学)
現　在　東京大学大学院総合文化研究科　教授
主　著　『理系総合のための生命科学』第3版（分担執筆，羊土社），『酵母のすべて』（分担執筆・共著，丸善出版）など．

シリーズ・生命の神秘と不思議

進化には生体膜が必要だった
— 膜がもたらした生物進化の奇跡 —

2018年　2月25日　第1版1刷発行

検印
省略

定価はカバーに表示してあります．

著作者　佐藤　健
発行者　吉野和浩
発行所　東京都千代田区四番町8-1
電　話　03-3262-9166（代）
郵便番号 102-0081
株式会社　裳華房
印刷所　株式会社　真興社
製本所　株式会社　松岳社

社団法人
自然科学書協会会員

ISBN 978-4-7853-5126-7